Hochschultext

Heinrich Sandermann

Membranbiochemie

Eine Einführung

Mit 60 Abbildungen

Springer-Verlag
Berlin Heidelberg New York Tokyo 1983

Heinrich Sandermann
Institut für Biologie II der Universität
Schänzlestraße 1
7800 Freiburg i. Br.

ISBN-13: 978-3-540-12594-5 e-ISBN-13: 978-3-642-69231-4
DOI: 10.1007/978-3-642-69231-4

CIP-Kurztitelaufnahme der Deutschen Bibliothek
Sandermann, Heinrich:
Membranbiochemie : e. Einf.
Heinrich Sandermann. - Berlin ; Heidelberg ; New York ; Tokyo : Springer, 1983.
(Hochschultext)

2131/3130-543210

Inhaltsverzeichnis

1. Einleitung

Die Biochemie beschäftigt sich mit der Struktur und Funktion der für Lebensvorgänge wichtigen Moleküle. Diese Moleküle werden in reiner Form dargestellt, chemisch und physikalisch-chemisch charakterisiert und wieder zu funktionellen Strukturen zusammengefügt (Rekonstitution). So wurde auf den Gebieten der in Wasser löslichen Proteine und Enzyme und der Molekularbiologie von Nukleinsäuren ein hoher Wissensstand erreicht. Über die Wasser-unlöslichen Proteine und die Lipid/Protein-Wechselwirkungen von biologischen Membranen ist dagegen erst relativ wenig bekannt, obwohl sich viele zentrale Lebensvorgänge an Membranen abspielen.

Die vorliegende Einführung ist aus einer Vorlesung hervorgegangen. Das Ziel war, eine erste Verbindung zwischen dem Stoff der biochemischen Grundvorlesung und der Membranbiochemie zu schaffen.

2. Membrantypen und Membranisolierung

Membranen mit einer Dicke von etwa 6o bis 12o Å (1 Å = $1o^{-8}$ cm) finden sich in allen pro- und eukaryotischen Zellen, aber auch bei manchen Viren, wie Influenza-, Herpes- und Leukämieviren. Diese Viren erhalten ihre Membranen bei der Abschnürung aus der Wirtszelle.

Einige Membransysteme sind schematisch in der Abb. 1 wiedergegeben. Grampositive Bakterien bilden häufig Membraneinstülpungen (Mesosomen), die bevorzugte Bindungspunkte für die intrazelluläre DNA sind. Die Zellwand Gram-positiver und Gram-negativer Bakterien enthält außer der Mureinschicht vorgelagerte Polymere, wie Teichonsäuren, Kapsel- oder Schleimpolysaccharide. Gram-negative Bakterien enthalten vor der Plasmamembran und Mureinschicht eine zusätzliche, äußere Membran, die jedoch von Poren durchsetzt ist. Verbindungen bis zum Molgewicht etwa 6oo können frei durch die äußere Membran diffundieren, während biologische und Modellmembranen sonst nicht einmal kleine Moleküle, wie Glycerin oder Protonen (= H^+) hindurch lassen. Photosynthetische Bakterien können zusätzliche intrazelluläre Photosynthesemembranen (= Thylakoide) ausbilden.

Die Plasmamembran tierischer Zellen ist reich an Glykoproteinen und Glykolipiden. Ihre Zuckerketten ragen nach außen und dienen als Erkennungsmerkmale. An der Plasmamembran ist auch die als Pumpe für Na^+- und K^+-Ionen wichtige Na^+K^+ATPase lokalisiert.

Mitochondrien und Chloroplasten sind intrazelluläre Membransysteme, in denen Redox- bzw. Lichtenergie zur Bildung von ATP bzw. ATP und NADPH verwendet wird. Das Innere höherer Zellen wird von den Zisternen des Endoplasmatischen Retikulums (abgekürzt: ER) durchzogen.

Das rauhe ER ist gegenüber dem glatten ER zusätzlich mit Ribosomen besetzt und ist ein wichtiger Ort der Proteinbiosynthese. Die von der Tonoplasten-Membran umgebene Vakuole nimmt oft einen großen Teil des pflanzlichen Zellvolumens ein, und ist ein Speicherort von sekundären

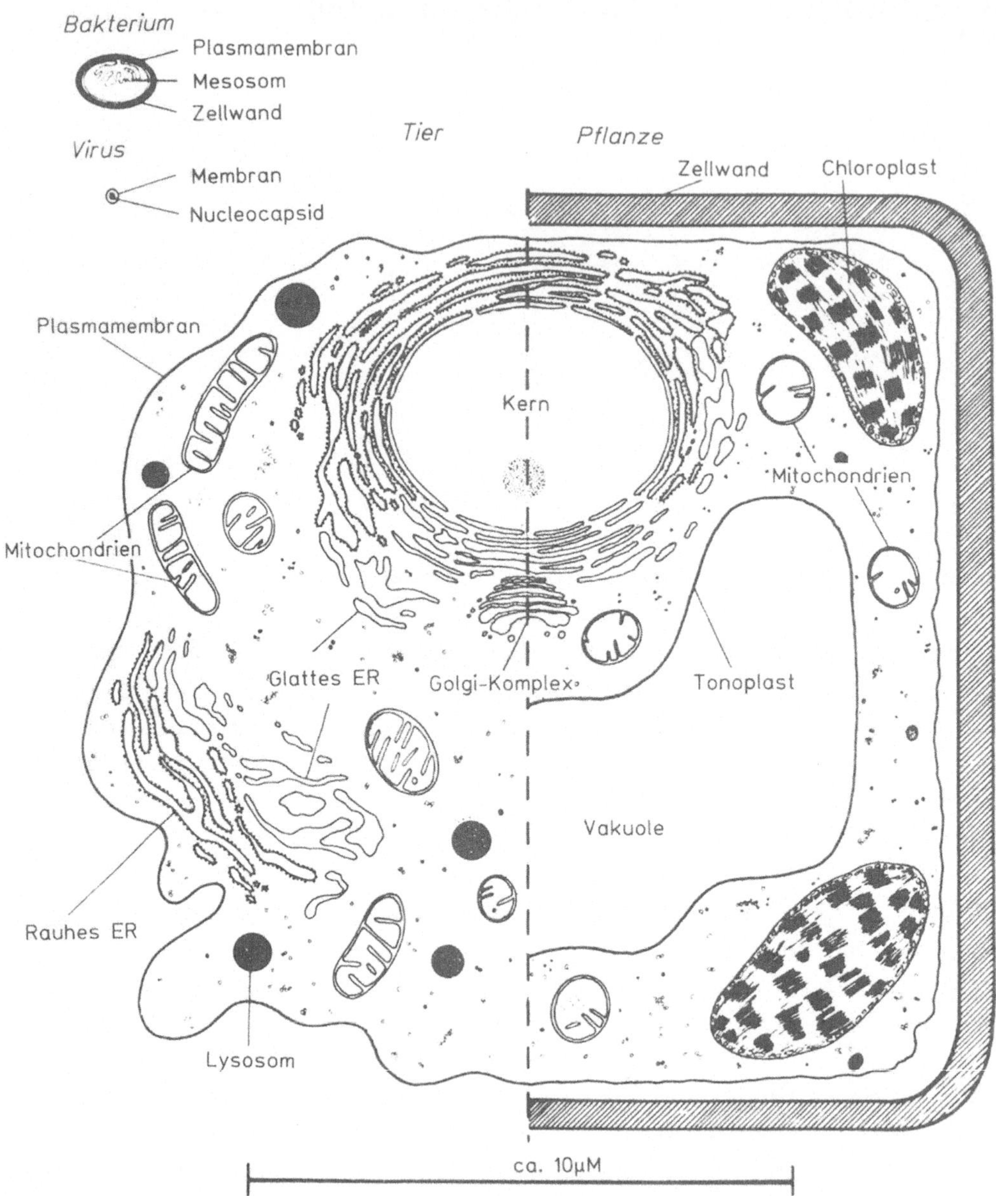

Abb. 1. Schematische Darstellung der Membransysteme einer "typischen" tierischen (links) und einer pflanzlichen Zelle (rechts). Zum Größenvergleich sind auch ein Bakterium und ein Virus abgebildet. (J.B. Finean, R. Coleman, R.H. Michell: Membranes and their Cellular Functions. Blackwell, Oxford 1974)

Naturstoffen. Die Abb. 1 zeigt auch die für Abbaureaktionen wichtigen Lysosomen und den für Biosynthese-Leistungen wichtigen Golgi-Komplex. Kleinere Zellorganellen, wie Peroxisomen oder Glyoxysomen sind nicht abgebildet.

Tabelle 1. Charakteristische Marker-Komponenten verschiedener biologischer Membransysteme

Bakterienzellen	
Äußere Membran	Lipopolysaccharid mit 2-Keto-3-Desoxy-Octonsäure und 3-Hydroxy-Myristinsäure
	Phospholipase A
Cytoplasmatische Membran	Succinat Dehydrogenase
	NADH Oxidase
	ATPase
Höhere Zellen	
Plasmamembran	Na^+K^+ ATPase
	5' Nukleotidase
	Glycosphingolipide
Endoplasmatisches Retikulum	Glucose 6-Phosphatase
	Cytochrom b_5
	Cytochrom P-45o
	Ribosomen (rauhes ER)
Golgi-Komplex	Zahlreiche UDP-Zucker Transferasen
	Thiamin Pyrophosphatase
Lysosomen	Saure Phosphatase, Protease, andere Abbauenzyme
Peroxisomen	Katalase
	D-Aminosäure Oxidase
Mitochondrion (innere Membran)	Cardiolipin
	Succinat Dehydrogenase
	NADH Oxidase
	Cytochrom Oxidase
	ATPase
Chloroplast	Chlorophyll
	Galactosyl-Diglyceride
	Ribulose-Bis-Phosphat-Carboxylase/Oxygenase
Kern	DNA

Tierische und pflanzliche Zellen sind zusätzlich von dem sog. Cytoskelett durchdrungen. Es ist ein ziemlich engmaschiges Netzwerk aus Tubuli und Filamenten, die sich aus Strukturproteinen wie z.B. Tubulin, Actin und Myosin zusammensetzen. Die von diesen Proteinen gebildeten Netze lassen sich besonders gut mit fluoreszierenden Antikörpern in der intakten Zelle nachweisen. Die verschiedenen Membransysteme der Abb. 1 sind mit ihren typischen Marker-Komponenten in der Tabelle 1 aufgeführt.

Membranisolierung

Um einen bestimmten Membrantyp zu isolieren, muß die Zelle zunächst aufgebrochen werden. Dies kann bei Säugerzellen durch einfaches Homogenisieren des Organs in einem Potter-Gefäß geschehen, wobei durch Zusatz von Rohrzucker oder NaCl iso-osmotische Bedingungen geschaffen werden. Wenn - wie bei Bakterien und Hefen - Zellwände enthalten sind, sind drastischere Maßnahmen, wie der Einsatz von Ultraschall oder einer French-Press, oder eine enzymatische Verdauung der Zellwand, nötig.

Das Zellhomogenat wird dann zunächst durch eine relativ grobe differentielle Zentrifugation aufgetrennt. Große Partikel (restliche Zellen, Kerne, Zellwandstücke) sedimentieren schon bei 1ooog, größere Zellorganellen (Mitchondrien, Chloroplasten) lassen sich dann durch Zentrifugation mit ca. 15 ooog sedimentieren. Kleine Partikel (Mikrosomen) erfordern g-Zahlen von ca. 1oo ooo.

Membranpartikel werden anschließend meist durch Ultrazentrifugation in einem Dichtegradienten von z.B. Rohrzucker oder Dextran weiter aufgetrennt. Bei der Geschwindigkeitssedimentation sedimentieren über einen relativ kurzen Zeitraum (z.B. 2o min bei 1oo ooog) die Teilchen größter Masse am weitesten. Bei der Gleichgewichtssedimentation (isopyknische Zentrifugation) sedimentieren die Membranpartikel über einen relativ langen Zeitraum (z.B. 12 Stunden, 1oo ooog) in eine stabile Position, die von der Dichte, nicht von der Masse der Teilchen bestimmt wird. Durch die Kombination von Geschwindigkeits- und Gleichgewichtsläufen in der Ultrazentrifuge erhält man oft gut definierte Membranfraktionen. Diese lassen sich außer durch die Methoden der Elektronenmikroskopie und andere physikalische Methoden auch biochemisch durch die Messung der in Tabelle 1 aufgeführten Marker-Komponenten charakterisieren.

Es ist wichtig, zu beachten, daß meist keine völlig einheitliche Membranpopulation isoliert wird und daß sich leicht Artefakte einschleichen. So hängt die Innen-Außen-Orientierung isolierter Membranvesikel von der Aufschlußmethode ab und der Anteil intrazellulärer Membranen bzw. Plasmamembran in einer Mikrosomenfraktion ist stark von den Aufarbeitungsbedingungen abhängig.

1. Praktisches Beispiel/Isolierung bakterieller Membranvesikel

Phospholipidmembranen haben ganz allgemein die Neigung, geschlossene kugelförmige Hohlkörper (Vesikel) zu bilden, da so der Kontakt von unpolaren Fettsäureresten mit dem Wasser vermieden wird.

H.R. Kaback hat eine Methode entwickelt, um Vesikel der cytoplasmatischen Membran aus Bakterienzellen darzustellen. Diese Membranvesikel behalten zum größten Teil die Innen-Außen-Orientierung, die sie in der Zelle hatten. Sie sind daher zur Untersuchung aktiver Transportvorgänge gut geeignet. Zunächst wird unter iso-osmotischen Bedingungen (2o% Rohrzucker) durch Zusatz von EDTA (das 2-wertige Ionen komplexiert) die äußere Membranschicht fragmentiert. Durch Zusatz zellwandverdauender Enzyme (meist Lysozym) wird die Mureinschicht entfernt. Die resultierenden kugelförmigen Sphäroplasten werden dann in ca. 5oo Volumina Puffer ohne Rohrzucker eingespritzt. Im Moment der Lyse tritt der cytoplasmatische Inhalt der Sphäroplasten aus. Wenn sich darauf die Membran spontan wieder zum Membranvesikel schließt, ist im Inneren nur noch ca. ein 5oostel der löslichen Zellkomponenten enthalten. Die Vesikel werden mehrfach mit Puffer gewaschen, und können dann lange Zeit in flüssigem Stickstoff (bei -196°C) gelagert werden, ohne an Transportaktivität zu verlieren. Mit einer Passage intakter Bakterienzellen durch eine French-Press Zelle lassen sich Vesikel herstellen, die zum größten Teil Inside-Out, also invertiert, sind.

Auch aus Mitochondrien lassen sich leicht Inside-Out Vesikel herstellen, die auch als sub-mitochondriale Partikel bezeichnet werden. Inside-Out Vesikel eignen sich besonders zur Untersuchung der oxidativen Phosphorylierung, da der sonst nach innen orientierte ATP-Synthetase Komplex jetzt nach außen gerichtet und leicht zugänglich ist. Die Asymmetrie und vektorielle Anordnung von Membranproteinen (und auch vielen Membranlipiden) ist ein allgemeines Bauprinzip biologischer Membranen.

2. Praktisches Beispiel/Trennung von rauhem und glattem ER

Beim Zellaufschluß zerbricht das ausgedehnte ER-System höherer Zellen. Es bildet sich so, als Artefakt, die Fraktion der Mikrosomen, in der aber auch Membranbruchstücke des Golgi-Apparats, der Plasmamembran und der Vakuole, sowie kleine Zellorganellen (z.B. die Microbody-Fraktion) enthalten sind. Die Mikrosomen besitzen eine für biologische Membranen ungewöhnliche Durchlässigkeit für Rohrzucker (Molgewicht 342 + Hydratwasser).

Die vom rauhen ER abgeleiteten Mikrosomen besitzen wegen der gebundenen Ribosomen eine höhere negative Oberflächenladung und eine höhere Affinität zu Kationen, wie dem Schwermetall-Kation, Cs^+. Dies wird bei der hier in vereinfachter Form dargestellten Isolierungsmethode ausgenutzt.

Leberstücke in 1 Volumen o.25M Rohrzucker
homogenisieren (Potter-Gefäß)

↓

(2o min, 1o ooog)-Zentrifugation

↓

Überstand mit 15 mM CsCl versetzen und
im Zentrifugenröhrchen auf ein Kissen
aus 1.3 M Rohrzucker, 15 mM CsCl schichten.

↓

(12o min, 1o2 ooog)-Zentrifugation

↓

Ergebnis:
a) Oberphase ⟶ wird verworfen
b) Auf dem Kissen liegende Fraktion (= glatte Mikrosomen)
c) Am Boden des Röhrchens liegende Fraktion (= rauhe Mikrosomen)

Man kann durch Zentrifugation in einem Cs^+- oder Mg^{2+}-haltigen Rohrzuckergradienten noch Unterfraktionen von rauhen und glatten Mikrosomen darstellen.

3. Chemische Strukturen und einige Eigenschaften von Lipiden

Lipidklassen

Alle biologischen Membranen enthalten Lipide, meistens überwiegend Phospholipide. Lipide sind amphipathische Moleküle, da sie einen unpolaren Teil (die beiden Fettsäurereste) und eine polare Gruppe enthalten, wie es schematisch in der Kopf-Schwanz-Struktur von Abb. 2a dargestellt ist. Lysolipide (mit nur einer Fettsäure) und auch Detergentien lassen sich wie in Abb. 2b darstellen. Die simplen Kopf-Schwanz-Strukturen der Abb. 2 sollen zur Veranschaulichung der grundsätzlichen physikalischen Eigenschaften von Lipiden und Detergentien dienen.

Abb. 2. Schematische Kopf-Schwanz-Darstellung von Diacyl-Lipiden (a) und Monoacyl- (=Lyso-)Lipiden sowie Detergentien (b)

Bezüglich ihrer chemischen Struktur zeichnen sich die biologischen Lipide durch eine enorme Vielfalt aus. Die Hauptklassen biologischer Lipide sind (a) die Glycerolipide, die sich durch stereospezifische Veresterung vom Glycerin ableiten. Das in biologischen Lipiden vorkommende Isomere ist in Abb. 3 wiedergegeben. Diese Form wird als das sn- (von stereochemical numbering)-Isomere bezeichnet. (b) die Sphingolipide, die sich vom langkettigem Aminoalkohol, Sphingosin, ableiten. (c) die Steroide.

$^{1}CH_2OR_1$
R_2O–^{2}C–H
$^{3}CH_2OR_3$

Abb. 3. Stereochemie von natürlichen Glycerolipiden. Die polare Gruppe des Lipids befindet sich am C-Atom 3 des Glycerins. In dem abgebildeten sn-Isomeren stehen die C-Atome 1 und 3 des Glycerins nach hinten, während die beiden Substituenten an C-Atom 2 aus der Papierebene nach vorn zeigen

Fettsäuren von biologischen Lipiden

Zu den gesättigten Fettsäuren gehören die C_{12}-Fettsäure, Laurinsäure, $CH_3-(CH_2)_{10}-COOH$, die C_{14}-Fettsäure, Myristinsäure, $CH_3-(CH_2)_{12}-COOH$, die C_{16}-Fettsäure, Palmitinsäure, $CH_3-(CH_2)_{14}-COOH$, und die C_{18}- Fettsäure, Stearinsäure, $CH_3-(CH_2)_{16}-COOH$. Die C-Atome dieser Säuren sind durch freie drehbare, sp_3-hybridisierte Einfachbindungen im Tedraederwinkel, ($1o9^{O}$) verknüpft. Im Zeitmittel kann man die gesättigten Fettsäuren daher als linear gestreckt zeichnen (Abb. 4a).

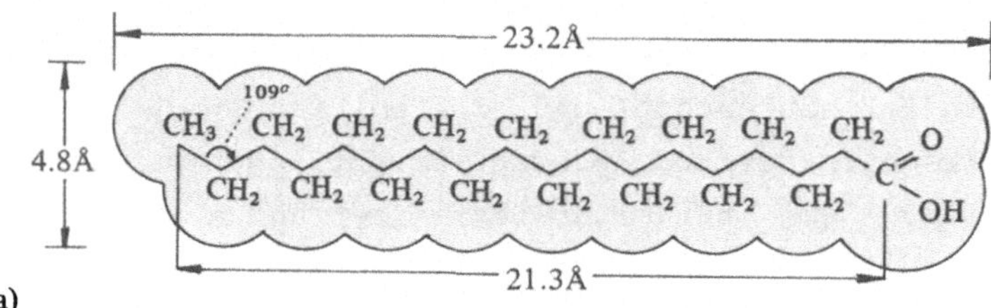

a)

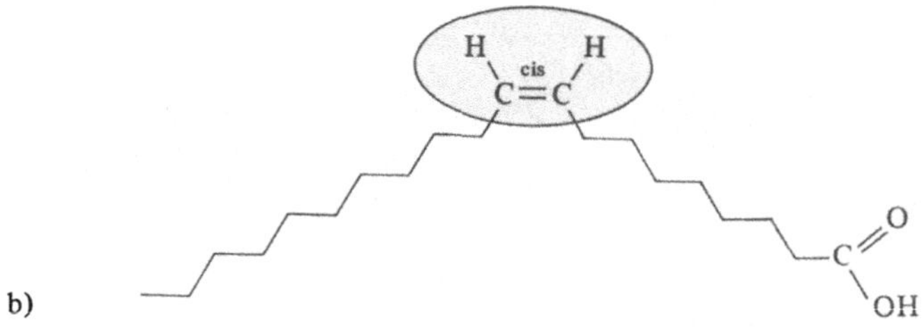

b)

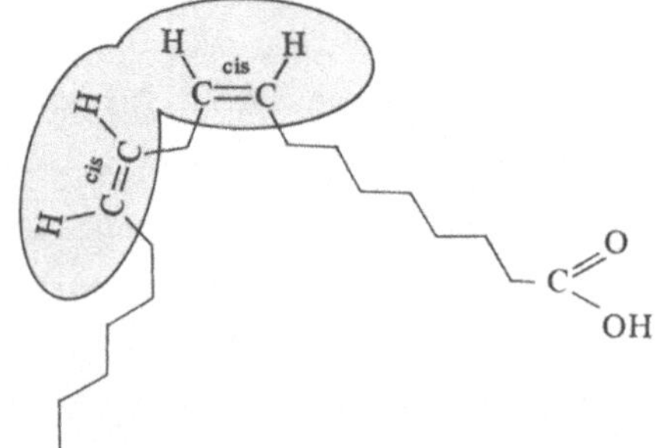

c)

Abb. 4. (Legende s. Seite 11)

Die häufigste ungesättigte Fettsäure ist die Ölsäure mit 18 C-Atomen und einer cis-Doppelbindung zwischen den Kohlenstoffatomen 9 und 1o (18 : $1^{\Delta 9}$). (Abb.4b).

Die Linolsäure (18 : $2^{\Delta\ 9,12}$) besitzt eine zweite cis-Doppelbindung zwischen den Kohlenstoffatomen 12 und 13, (Abb.4c). Die Methylen-Brücke zwischen den Doppelbindungen neigt zur Autoxidation, so daß sich Fettsäureperoxide und zahlreiche reaktive Folgeprodukte bilden. Trotz der möglichen chemischen Schadwirkung sind mehrfach ungesättigte Fettsäuren als sogenannte essentielle Fettsäuren ein wichtiger Bestandteil von pflanzlicher Nahrung. Mehrfach ungesättigte Fettsäuren sind z.B. die Linolensäure (18 : $3^{\Delta\ 9,12,15}$) und die Arachidonsäure (2o : $4^{\Delta\ 5,8,11,14}$), die eine Vorstufe für die Prostaglandinhormone ist.

Die Einführung der starren Doppelbindungen mit einer cis-Konfiguration führt zu gewinkelten Molekülstrukturen, die einen erhöhten Platzbedarf in Membranen haben und die daher als Störstellen wirken. Dies ist schematisch in der Abb. 4b für die Ölsäure und in Abb. 4c für die Linolsäure dargestellt. Solche Störstellen erschweren die Kristallisation der Fettsäureketten, und sie fördern die später noch zu besprechende Fluidität von Membranlipiden. Ein ähnlicher Effekt geht von den vor allem in bakteriellen Fettsäuren vorkommenden Cyclopropanringen aus, während die natürlich kaum vorkommenden trans-Doppelbindungen von Fettsäuren sich ganz gut in die gestreckte räumliche Anordnung von Abb. 6a einpassen lassen.

Bei den evolutionsmäßig sehr alten Archaebakterien, wie den methanogenen Bakterien und dem wegen seiner Purpurmembran viel untersuchten Halobakterium, enthalten die Membranlipide statt Fettsäuren das Dihydrophytol,

$$H\text{-}(\ CH_2\text{-}\underset{}{\overset{CH_3}{\overset{|}{C}H}}\ \text{-}CH_2\text{-}CH_2\ )_4\text{-}CH_2\text{-}\overset{CH_3}{\overset{|}{C}H}\ \text{-}CH_2\text{-}CH_2OH.$$

Dihydrophytol ist in Ätherbindungen an Glycerin gebunden und stammt aus dem Isopren-Stoffwechsel.

Bei den meisten der folgenden Lipidformeln ist der Fettsäuresubstituent nur als R angegeben.

Abb. 4. Schematische Darstellung der räumlichen Struktur folgender C_{18}- Fettsäuren. a Stearinsäure; b Ölsäure; c Linolsäure (E.E. Conn, P.K. Stumpf (1976) Outlines of Biochemistry, p. 6o, J. Wiley Sons, New York).

Neutrale Glycerolipide

Diese kommen in biologischen Membranen kaum vor, spielen aber eine wichtige Rolle bei der Fettverdauung und als Bestandteil der löslichen, im Blutplasma zirkulierenden Lipoproteine.

Wenn nur eine Hydroxylgruppe von Glycerin mit einer Fettsäure verestert ist, spricht man von Monoglyceriden. Das an einer primären Hydroxylgruppe z.B. mit Ölsäure veresterte Glycerin heißt 1-Monoolein, das an der sekundären Hydroxylgruppe (an C-Atom 2) z.B. mit Ölsäure veresterte Glycerin heißt 2-Monoolein. Entsprechend gibt es 1-Monopalmitin, 2-Monopalmitin usw. Wenn zwei Hydroxylgruppen des Glycerins verestert sind, gelangt man zu den 1,2- oder 1,3-Diglyceriden (jeweils mit sn-Konfiguration, s. Abb. 3). Das Cytidin-diphospho-1.2-Diglycerid spielt als "energiereiche" Zwischenstufe eine wichtige Rolle bei der Phospholipidbiosynthese. Wenn die freie Hydroxylgruppe des sn-1.2-Diglycerids mit Phosphorsäure verestert ist, kommt man zu den Phospholipiden, wenn hier Zuckerreste in glykosidischer Bindung angehängt sind, kommt man zu ebenfalls in biologischen Membranen vorkommenden Lipiden. Die Galaktosyl-Diglyceride sind z.B. Marker-Komponenten von Chloroplasten (s. Tab. 1), Glukosyl-Diglyceride kommen in manchen Bakterienmembranen vor. Wenn alle drei Hydroxylgruppen von Glycerin mit Fettsäuren verestert sind, spricht man von Triglyceriden. Diese sind die hauptsächlichen Lipidkomponenten von Säuger-Fettgewebe, der Fettröpfchen der Milch und pflanzlicher Samenöle. Sie sind ferner eine Hauptkomponente bestimmter löslicher Lipoprotein-Klassen des Blutplasmas [der Very-low-density (=VLDL) -Lipoproteine und der Chylomikronen].

Phospholipide

Der Phosphorsäureester des sn-1.2-Diglycerids trägt den Trivialnamen Phosphatidsäure (Abb. 5). Wenn der Phosphorsäure-Rest der Phosphatidsäure mit weiteren Substituten verestert ist, resultieren die ebenfalls in Abb. 5 aufgeführten Phospholipide. Diese sind also Phosphatidyl-Derivate (= Derivate der Phosphatidsäure). Bei einem physiologischen pH-Wert von etwa 7 kompensieren sich im Lecithin (= Phosphatidylcholin) und im Phosphatidyläthanolamin die negative Ladung des Phosphats und die positive Ladung am Stickstoff. Es handelt sich um isoelektrische Phospholipide, die meist als hauptsächliche Phospholipidkomponente in biologischen Membranen enthalten sind. Als Extremfall

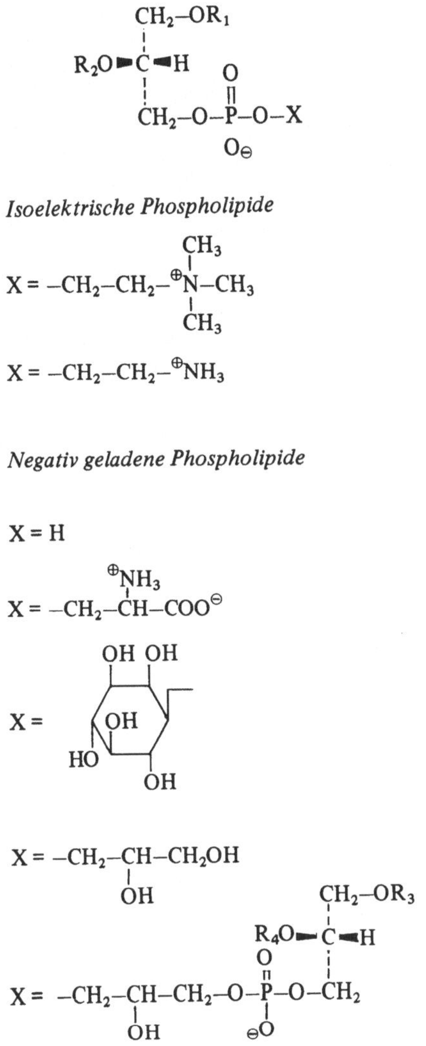

Abb. 5. Chemische Struktur von Phospholipiden. In Klammern sind die im englischen Sprachgebrauch üblichen Abkürzungen für die einzelnen Phospholipide aufgeführt

$CH_2{-}OR_1$

$R_2O{-}C{-}H$

$CH_2{-}O{-}P(=O)(O^{\ominus}){-}O{-}X$

Isoelektrische Phospholipide

$X = -CH_2{-}CH_2{-}{}^{\oplus}N(CH_3)_3$ — Phosphatidylcholin = Lecithin (PC)

$X = -CH_2{-}CH_2{-}{}^{\oplus}NH_3$ — Phosphatidyläthanolamin (PE)

Negativ geladene Phospholipide

X = H — Phosphatidsäure (PA)

$X = -CH_2{-}CH(^{\oplus}NH_3){-}COO^{\ominus}$ — Phosphatidylserin (PS)

X = Inosit (OH OH, OH, HO, OH) — Phosphatidylinosit (PI)

$X = -CH_2{-}CH(OH){-}CH_2OH$ — Phosphatidylglycerin (PG)

$X = -CH_2{-}CH(OH){-}CH_2{-}O{-}P(=O)(O^{\ominus}){-}O{-}CH_2{-}C(H)(OR_4){-}CH_2{-}OR_3$ — Diphosphatidylglycerin = Cardiolipin (DGP oder CAR)

besteht das Phospholipid von Escherichia coli zu etwa 80% aus Phosphatidyläthanolamin.

Die anderen in der Abb. 5 aufgeführten Phospholipide, einschließlich der Phosphatidsäure, führen bei physiologischem pH-Wert zu einer negativen Oberflächenladung der Membran. Diese Phospholipide sind - vielleicht aus Gründen einer Regulation der Oberflächenladung - nur in geringeren Mengen in biologischen Membranen enthalten, meist in verschiedenen Mengen auf den beiden Membranhälften (Membranasymmetrie).

Sphingolipide

Sphingolipide kommen in Bakterien im allgemeinen nicht vor, sind aber in tierischen und pflanzlichen Membranen weit verbreitet und vor allem in Gehirn- und Nervengewebe in hoher Konzentration enthalten. Es handelt sich um Fettsäure-Derivate des C_{18}-Aminoalkohols Sphingosin, der aus Palmitoyl-SCoA und Serin entsteht. Daneben kommen auch C_{18}-Dihydrosphingosin, C_{2o}-Sphingosin und ein C_{18} oder C_{2o}-Phytosphingosin vor. Wenn eine, meist relativ langkettige Fettsäure (z.B. 24:o, Lignocerinsäure) in einer Amidbindung gebunden ist, erhält man den Grundkörper der Sphingolipide, das Ceramid (Abb. 6). Durch die Glykosidierung der primären Hydroxyl-Gruppe kommt man zu der Klasse der Cerebroside, die also Phosphat-freie Glykolipide sind. Der Zucker wird aus den energiereichen UDP-Zuckern übertragen. Mit UDP-Glukose als Zuckerdonator

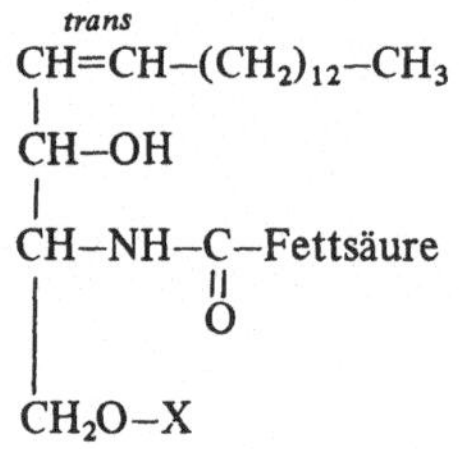

trans
$CH{=}CH{-}(CH_2)_{12}{-}CH_3$
CH–OH
CH–NH–C(=O)–Fettsäure — Ceramid (X = H)
$CH_2O{-}X$

X =

CH_2OH, O, OH, HO, OH — Gluco–cerebrosid 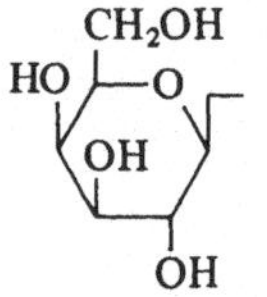
β–D–Glucopyranosyl

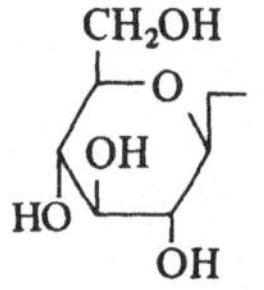

CH_2OH, HO, O, OH, OH — Galakto–Cerebrosid
β–D–Galaktopyranosyl

$-P(=O)(O^{\ominus})-O-CH_2-CH_2-N^{\oplus}(CH_3)_3$ — Sphingomyelin
Phosphoryl–Cholin

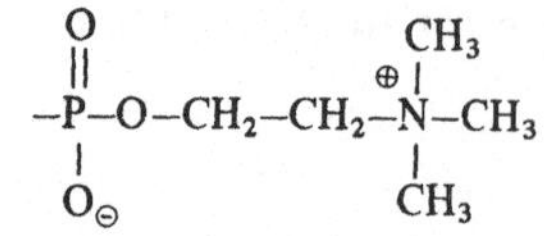

Abb. 6. Struktur von Ceramid, Cerebrosid und Sphingomyelin

resultiert das Glucocerebrosid, mit UDP-Galaktose das Galaktocerebrosid (Abb. 6). Wenn erst Glukose, dann in β-1,4-Bindung Galaktose übertragen wird, erhält man das Lactocerebrosid. Durch weitere Zuckerübertragungsreaktionen kommt man zu noch komplizierteren Cerebrosiden. Die Zuckertransferasen sind zum großen Teil als Membranenzyme im Golgi-Apparat enthalten. Zu einem gewissen Prozentsatz findet durch eine Sulfotransferase eine Übertragung von Schwefelsäure auf eine Hydroxylgruppe (meist 6-OH) von Cerebrosiden statt. Man erhält dann die stark negativ geladenen sog. Sulfatide. Häufiger wird aber in den komplexeren Cerebrosiden eine negative Ladung durch eine Übertragung von Sialinsäure (= synonym mit Neuraminsäure) aus der energiereichen Vorstufe CMP-N-Acetyl-Neuraminsäure (abgekürzt / CMP- NANA) eingeführt. Man kommt so zu der Klasse der Ganglioside. Die N-Acetyl-Neuraminsäure (NANA) entsteht durch eine Aldolkondensation von N-Acetyl-Mannosamin-6-Phosphat und Phosphoenol-Pyruvat. Sie ist in der offenkettigen Form und in der Sesselform in Abb. 7 dargestellt.

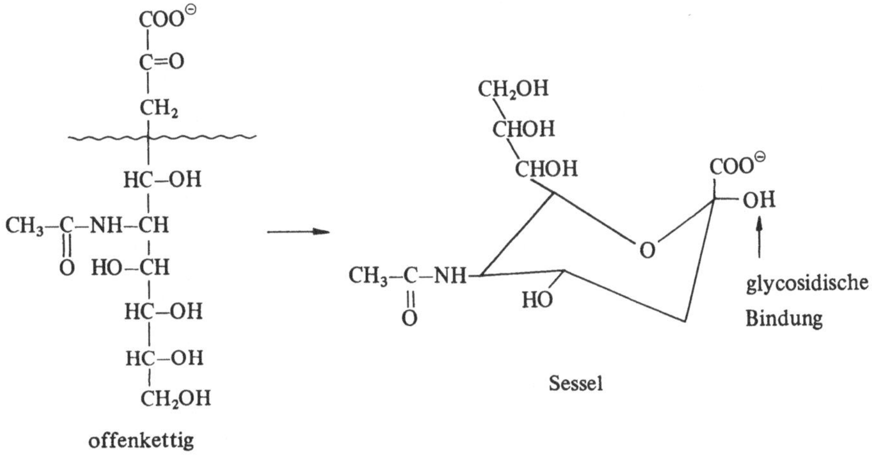

Abb. 7. Struktur der N-Acetyl-Neuraminsäure (NANA)

Das Muster an Gangliosiden ist in krebsartig transformierten Zellen oft dramatisch verändert. Ganglioside sind auch wichtige Oberflächenantigene während Entwicklungsprozessen (z.B. das Forssmann-Antigen), sowie Rezeptoren für manche Viren und für Toxine.

Als Beispiel der strukturell vielfältigen, oft auch verzweigten Gangliosidstrukturen ist in Abb. 8 das mit GM_1 bezeichnete Gangliosid gezeigt. Es ist von besonderer Bedeutung als Membranrezeptor für das Choleratoxin (s.S. 113 ff).

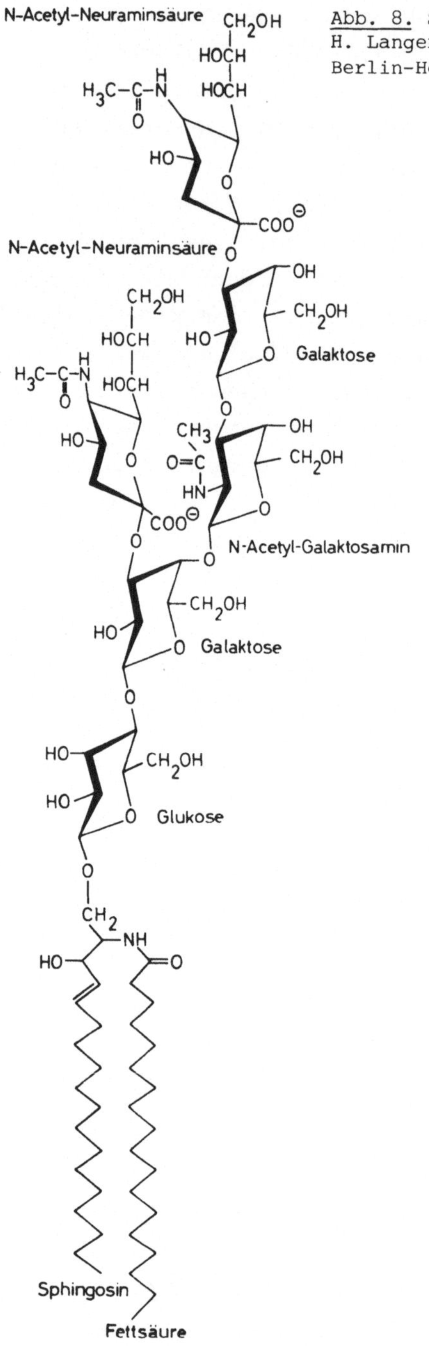

Abb. 8. Struktur des Gangliosids GM_1. (G. Czihak, H. Langer, H. Ziegler, hrsg.: Biologie, S. 45. Springer, Berlin-Heidelberg-New York 1976)

Außer durch Zuckerreste wie in den Cerebrosiden und Gangliosiden kann die primäre Hydroxylgruppe des Ceramids auch mit den polaren Gruppen der Phospholipide (s. Abb. 7) substituiert sein. Das häufigste Phosphosphingolipid dieser Art ist das Sphingomyelin (Abb. 6), ein strukturelles Analogon zum Lecithin.

Ein wichtiges gemeinsames Strukturelement aller vom Ceramid abgeleiteten Sphingolipide ist die freie sekundäre Hydroxylgruppe des Sphingosin-Teils (vgl. Abb. 6). Diese Hydroxylgruppe kann als Donator für Wasserstoffbrücken zu Ester- oder Amid-Carbonylgruppen fungieren. Solche Wasserstoffbrücken führen zu einer engeren molekularen Packung. Dies ist neben den relativ langen enthaltenen Fettsäuren und Hydroxy-Fettsäuren der Sphingolipide ein Hauptgrund für die geringe Fluidität von Sphingolipiden.

In der Kopf-Schwanz-Darstellung entsprechen die Sphingolipide der Diacyl-Struktur von Abb. 2a, obwohl sie nur eine Fettsäure enthalten. Man kann die lange Kohlenwasserstoffkette des Sphingosins als zweiten Schwanz ansehen.

Steroide

Steroide sind in biologischen Membranen, besonders Plasmamembranen, weit verbreitet. Bis zu 5o% des Lipids von Erythrozyten kann als Cholesterin vorliegen, während Steroide in Bakterien kaum vorkommen. Cholesterin, Ergosterin und das β-Sitosterin sind als charakteristische Komponenten von tierischen, Hefe- bzw. pflanzlichen Plasmamembranen in Abb. 9 gezeigt (wobei die Stereochemie dieser gefalteten Moleküle

a)

HO

b)

HO

c)

HO

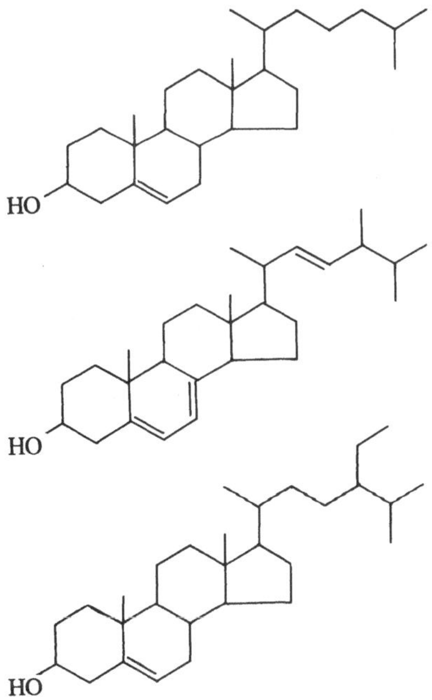

Abb. 9. Struktur von a Cholesterin, b Ergosterin, c β- Sitosterin

nicht angegeben ist). Alle Steroide der Abb. 9 besitzen die charakteristische Hydroxylgruppe in Position 3 als polare Kopf-Gruppe, während der polyzyklische Kohlenwasserstoffanteil als unpolarer Schwanz (s. Abb. 2) angesehen werden kann. Die sehr unpolaren Fettsäure-Ester von Cholesterin sind Komponenten der zirkulierenden Lipoproteine des Blutplasmas, sie kommen aber nicht in Membranen vor. Die polaren Glykoside von Steroiden dagegen sind Membrankomponenten, besonders in Pflanzen.

Andere physiologisch wichtige Verbindungen, wie eine Reihe von Hormonen (z.B. Progesteron und Testosteron) und die Gallensalze (s.S. 27) leiten sich biogenetisch von den Steroiden ab.

Nebenlipide von Membranen

Nach den vorhergehenden Abschnitten besteht das Lipid biologischer Membranen häufig überwiegend aus einem iso-elektrischen Phospholipid (PE oder PC), in das geringere Mengen negativ geladener Phospholipide, Sphingolipide oder Steroide eingelagert sind. Wegen der Vielfalt an enthaltenen Fettsäuren (und Zuckern) und deren Stellungsisomerien liegt so schon eine enorme Zahl chemisch verschiedener Lipidarten vor. Biologische Membranen sind jedoch durch den Gehalt an funktionell oft besonders wichtigen Nebenlipiden, sowie an biosynthetischen Lipidzwischenstufen noch viel komplexer.

Phospholipide zeigen einen Turnover, d.h. sie befinden sich in stetem Abbau und Neusynthese. Ein gut untersuchter Abbauweg wird durch Phospholipasen katalysiert. Diese werden zu Untersuchungszwecken meist aus Schlangengift (Phospholipase A_2), Bakterien (Phospholipase C) oder Erdnüssen (Phospholipase D) isoliert. Sie finden sich aber auch als endogene Bestandteile vieler Gewebe. Die Spaltungsstellen der verschiedenen Phospholipasen sind in Abb. 1o gezeigt. Besonders wichtig ist die Phospholipase A_2, die zu Lysolipiden und freien Fettsäuren führt. Der Übergang von der Phospholipidstruktur mit zwei unpolaren Schwänzen (s. Abb. 2a) zu den Lysolipid- und Fettsäurestrukturen mit nur je einem unpolaren Schwanz (s. Abb. 2b) führt zu dramatischen Änderungen in den physikalischen Eigenschaften. So bilden Lysolipide und Fettsäuren keinen Bilayer, sondern Micellen aus (s.S. 27). Sie wirken daher als - physiologisch wichtige - Störstellen in Membranen. In Säugerzellen findet sich eine für den Phosphatidyl-inosit und/ oder seine phosphorylierten Derivate spezifische Phospholipase C. Dieses Enzym soll an der Informationsübertragung in Membranen be-

Abb. 10. Spaltstellen von verschiedenen Phospholipasen am Lecithin. (A.L. Lehninger: Biochemie, 2. Aufl., S. 234. Verlag Chemie, Weinheim 1977)

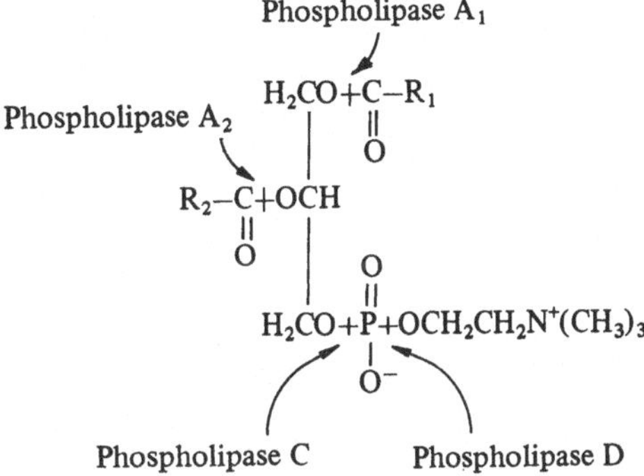

teiligt sein, vielleicht mit Beteiligung der freigesetzten 1,2-Diglyceride als eine Art von Störstelle. Auch die Fettsäure-SCoA-Ester der Phospholipidbiosynthese wirken als Störstelle, da sie Micellbildner sind.

In vielen Geweben kommen strukturell modifizierte Phospholipide vor, z. B. 1-O-Alkyl- oder 1-O- (1'-2')Alkenyl-(=Plasmalogen) Phospholipide. Die freie Aminogruppe des PE kann ein- oder zweifach methyliert oder acyliert sein, oder der freie Glycerinrest des PG kann mit Aminosäuren verestert sein, wie in dem in Staphyloccus vorkommenden, positiv geladenen Phospholipid, Lysyl-PG.

Andere funktionell wichtige Nebenlipide können für sich allein weder einen Bilayer noch eine Micelle ausbilden. Dazu gehören das Chlorophyll, die Carotinoide, die Polyprenole, das Ubichinon (= Coenzym Q), das Plastochinon und Fett-lösliche Vitamine, wie das Vitamin E (= Tocopherol). Die chemischen Strukturen dieser Lipide, auf deren Funktionen später eingegangen werden soll, sind in der Abb. 11 zusammengestellt.

Die Veränderung der Umwelt durch den Menschen hat zum Auftreten weiterer lipophiler Verbindungen im Fettgewebe und in Membranen geführt. So trifft man bei Analysen von menschlichen Lipidproben heute weltweit auf ppm (= mg/kg) Mengen von persistenten Insektiziden, wie dem DDT (und dem davon abgeleiteten DDE) und den industriell vielfältig verwendeten PCBs (= polychlorierte Biphenyle). Hierauf soll später (s.S. 124 ff) eingegangen werden.

a)

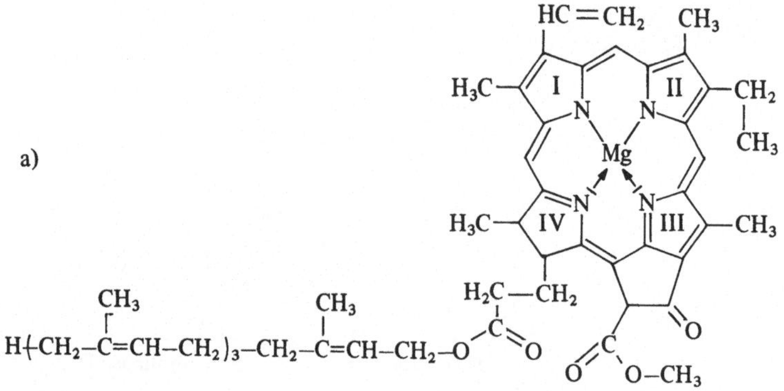

Chlorophyll a

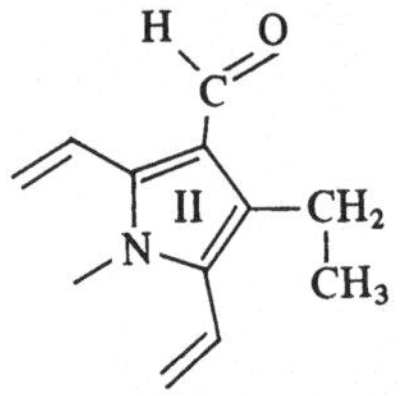

Chlorophyll b

b)

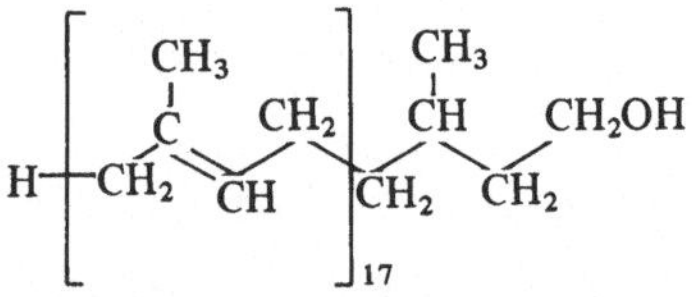

Dolichol–18

c)

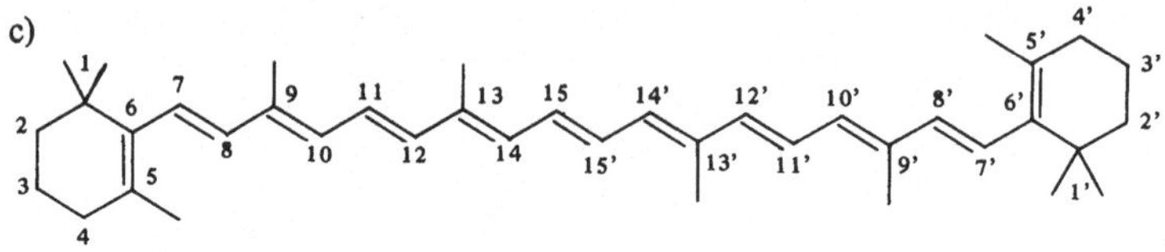

β–Carotin

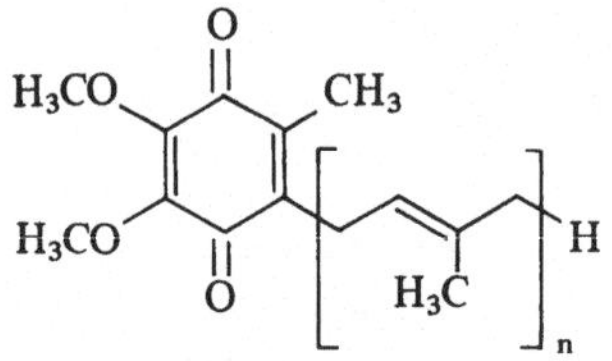

Ubichinon (n = 6–10)

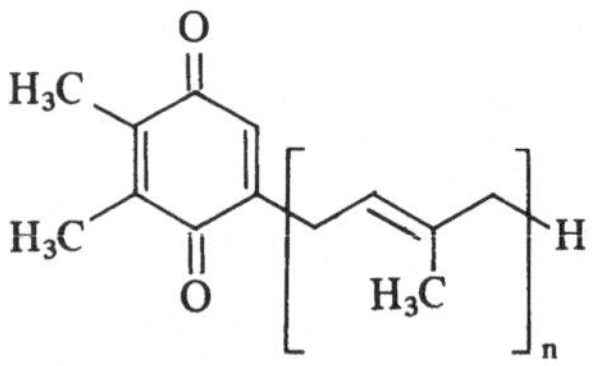

Plastochinon (n = 9)

d)

e)

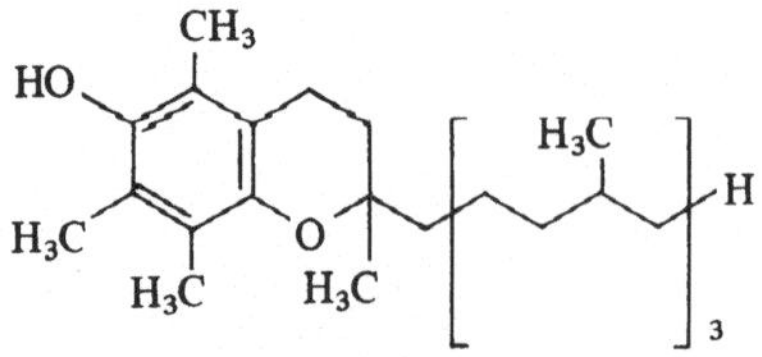

f)

Tocopherol

Abb. 11. Strukturen einiger physiologisch wichtiger Neutrallipide. a Chlorophyll a und b; b Dolichol-18 als Beispiel eines Polyprenols; c β Carotin; d Ubichinon; e Plastochinon; f Tocopherol

Einige Lipidtechniken

Lipide sind ziemlich labile Verbindungen. Ungesättigte Fettsäuren reagieren mit Luftsauerstoff zu Peroxyden und reaktiven Folgeprodukten. Durch spontane Hydrolyse der Fettsäure-Esterbindungen entstehen, besonders bei alkalischem pH-Wert, stark oberflächenaktive Lysolipide und freie Fettsäuren. Man sollte daher unter einer inerten Gasatmosphäre, z.B. Stickstoff, arbeiten und ständige Reinheitskontrollen durchführen. Die Extraktion der Lipide aus biologischen Membranen geschieht meist mit Chloroform/Methanol-Gemischen, z.B. nach der aus dem Phasendiagramm von Chloroform/Methanol/Wasser abgeleiteten Methode von Bligh und Dyer: die wässrige Membransuspension (= 1 Volumen) wird durch Zusatz von 2,5 Volumen Methanol und 1,25 Volumen Chloroform zunächst in ein homogenes organisches Lösungsmittelgemisch überführt.

Bei Zusatz von weiteren 1,25 Volumen Wasser und 1,25 Volumen Chloroform erfolgt eine Phasentrennung, und die Lipide befinden sich (bis auf wenige Ausnahmen, wie die Ganglioside) in der schwereren Chloroformphase. Die weitere Reinigung erfolgt z.B. durch Säulenchromatographie auf Kieselgel oder auf DEAE-Cellulose. Analytische Untersuchungen erfolgen am besten durch Dünnschichtchromatografie auf Kieselgel-Platten oder durch Hochdruck-Flüssigkeitschromatografie (= HPLC). Auf Dünnschichtplatten kann man Lipidflecke durch Adsorption von Joddampf (an Doppelbindungen) oder durch Sprühreagenzien (z.B. Molybdat-Reagens auf Phospholipide) sichtbar machen. Analytische Bestimmungen können allgemein durch Gaschromatografie der durch alkalische Verseifung freigesetzten und dann methylierten Fettsäuren durchgeführt werden.

Nach Veraschen des Lipids können Phospholipide durch einen kolorimetrischen Test auf anorganisches Phosphat bestimmt werden.

4. Aufbau von biologischen Membranen. Ein erster Blick

Die Hauptkomponenten der meisten biologischen Membranen sind Protein und Phospholipid im Gewichtsverhältnis von zwischen 1:4 und 4:1. Wenn man von einem mittleren Gewichtsverhältnis von 1:1 ausgeht, ergibt sich bei Molgewichten von etwa 8oo für Phospholipid und 32 ooo für ein "durchschnittliches" Membranprotein ein Molverhältnis von 4o, d.h. man könnte Membranen als eine Lösung von Proteinen in dem 4o-fachen molaren Überschuß an Lipiden ansehen. Tatsächlich betrachtet das heute allgemein akzeptierte Fluid-Mosaic-Membranmodell von Singer und Nicolson (1972) biologische Membranen als "eine zwei-dimensionale Lösung von orientierten globulären Proteinen" in einer fluiden Lipid-Doppelschicht. Dies ist in der aus der Originalarbeit von Singer und Nicolson entnommenen Abb. 12 illustriert. Es ist anzumerken, daß ein großer Teil der Lipidmoleküle an das Protein gebunden und nicht in freier Bilayer-Form vorliegt. Die fluide Natur von biologischen Membranen wurde um 197o mit einer Reihe verschiedener Methoden nachgewiesen.

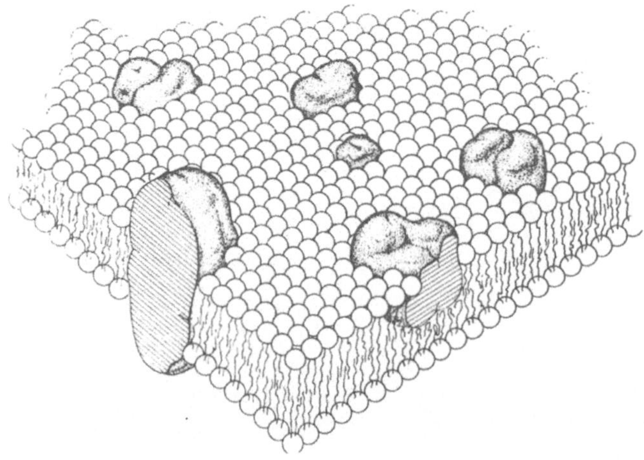

Abb. 12. Darstellung einer Membran mit globulären integralen Membranproteinen im Fluid-Mosaic-Membranmodell. Die peripheren Membranproteine sind nicht abgebildet. (S.J. Singer, G.L.Nicolson: Science 175, 720-731, 1972)

1. Kalorimetrie und Röntgenbeugung

In bestimmten Bakterien (Mycoplasma) läßt sich durch Zugabe von Fettsäuren in das Wachstumsmedium die Fettsäurezusammensetzung der Membranlipide manipulieren. Bei der Kalorimetrie zeigten solche Membranen einen Schmelzübergang (kristallin ⟶ flüssig-kristallin), wobei die Schmelz-Temperatur von der Art der Fettsäure abhing (Abb. 13). Verschiedene Membranfunktionen und das Wachstum selbst waren nur oberhalb der Schmelztemperaturen optimal, also in einer fluiden Membran. Schmelzvorgänge laufen allgemein als ein kooperativer Strukturwechsel von vielen in einer gitterähnlichen Struktur enthaltenen Molekülen ab. Daher war der kalorimetrische Nachweis eines Schmelzvorganges an einer biologischen Membran gleichzeitig ein Hinweis auf die Organisation eines Großteils der Lipide in einer kontinuierlichen Doppelschicht (= Bilayer). Dies wurde kurz darauf durch Röntgenbeugung bestätigt.

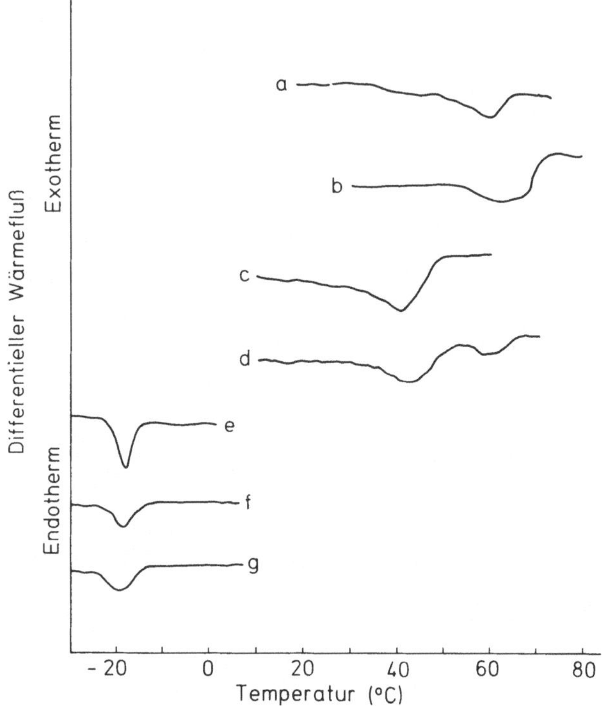

Abb. 13. Kalorimetrischer Nachweis eines kristallin ⟶ flüssig-kristallinen Phasenüberganges in Membranen und den isolierten Membranlipiden von Mycoplasma laidlawii nach einem Wachstum in Medien mit zugesetzten Fettsäuren.
a Membranlipide; b isolierte Membran nach Stearat-Gabe; c Membranlipide; d isolierte Membran nach Wachstum in Tryptose-Medium ohne Fettsäurezusatz; e Membranlipide; f isolierte Membran nach Oleat-Gabe. (J.M. Steim et al.: Proc. Natl. Acad. Sci. US 63 104-109, 1969)

Der für fluide Kohlenwasserstoffe typische, diffuse Beugungsreflex bei 4,6 Å ging beim Abkühlen der Membran unterhalb der Schmelztemperatur, T_C (= critical temperature) in einen charakteristischen scharfen Reflex bei 4,15 Å über. Es blieb jedoch auch oberhalb T_C noch eine gewisse Ordnung erhalten. Daher bezeichnet man das "Schmelzen" von Phospholipidmembranen korrekter als kristallin ⟶ flüssig-kristallinen Phasenübergang (engl., phase transition). Dieser grundlegende Vorgang soll später eingehender besprochen werden.

2. Elektronenmikroskopie

Bei der Gefrierätz-Elektronenmikroskopie werden eingefrorene Membranproben mit einem Mikrotom entlang der hydrophoben Mittelzone aufgebrochen. Nach dem Absublimieren von Eis werden die Membranflächen mit Metall bedampft. Von dieser Replika erhält man dann ein elektronenmikroskopisches Bild. Reine Lipidmembranen geben dabei glatte Oberflächen. Ende der 6oer Jahre wurde an zahlreichen biologischen Membranen nachgewiesen, daß hier die glatten Flächen mit Partikeln besetzt waren, von z.B. 4o Å (Sehstäbchen) oder 85 Å Durchmesser (Erythrozyten). Diese Partikel wurden als die in der Abb. 12 eingezeichneten, in die Membran eingebetteten (integralen) Proteine angesprochen. Einige der integralen Membranproteine (Transmembranproteine) schienen die Membran zu durchdringen, da sie von beiden äußeren Membranseiten her mit hydrophilen Reagenzien modifiziert werden konnten.

In künstlichen Membranen mit bekannter T_C-Temperatur ließ sich unterhalb T_C eine Aggregation der Partikel nachweisen. Dies wurde als laterale Diffusion und Phasentrennung der integralen Proteine gedeutet.

3. Diffusion von Membranproteinen

Daß Membranproteine in der Ebene der Membran beweglich sein können, wurde auch anschaulich in dem berühmten Versuch von Frye und Edidin (197o) gezeigt. Sie bereiteten Antikörper gegen Oberflächenantigene von Mäusezellen und menschlichen Zellen. Die Antikörper waren mit einem kovalent gebundenen grünen Fluoreszenzfarbstoff (im Fall der Mäusezelle) oder mit einem roten Flureszenzfarbstoff (im Fall der menschlichen Zelle) markiert. Wenn man je eine menschliche und eine Mäusezelle mit Hilfe des Sendai-Virus fusionierte, blieben die Antigene zunächst in ihrer Hälfte des Fusionsproduktes liegen, d.h. die eine Hälfte des Fusionsproduktes ließ sich durch Antikörperbindung rot, die andere Hälfte grün färben. Dann setzte aber eine Vermischung der Antigenbereiche ein, bis nach 40 Minuten bei 37°C die Bindungsstellen für die roten und grünen Antikörper gleichmäßig über das gesamte Fusionsprodukt verteilt waren. Diese Vermischung trat bei Temperaturen unter 20°C nicht auf, und wurde daher als eine laterale Diffusion der Proteinantigene in einer fluiden Zellmembran gedeutet. Wenn 1o nm als Radius für die Proteinantigene angenommen wurde, ließ sich eine Membranviskosität von 1oo-2oo Centipoise berechnen.

Dieser Viskositätswert entsprach etwa dem von Olivenöl. Diese Ähnlichkeit zu Olivenöl wurde auch festgestellt, als 1972/74 die laterale Diffusion und die Rotation des Rhodopsins von Sehstäbchen gemessen werden konnte. Im Gegensatz zu dem beweglichen Rhodopsin kristallisiert das sehr ähnlich aufgebaute Bakteriorhodopsin (s.S. 53) in einem starren Kristallgitter aus. Für Rhodopsin ließ sich ein lateraler Diffusionskoeffizient von $4x1o^{-9}$ cm^2sec^{-1} ableiten. Zahlreiche spätere Messungen an künstlichen und biologischen Membranen ergaben ähnliche Diffusionskoeffizienten. In fluiden Lipidphasen findet man laterale Diffusionskoeffizienten von etwa $1\text{-}8 \times 1o^{-8}$ cm^2sec^{-1} für Lipide und $1\text{-}4 \times 1o^{-9}$ cm^2sec^{-1} für Proteine. Der Diffusionskoeffizient D ist dabei in erster Näherung durch die Stokes-Einstein-Gleichung definiert:

$$D = \frac{k \times T}{6\pi\eta \cdot r}$$

(k= Boltzmann Konstante. T= absolute Temperatur η= Viskosität. r= Radius des Teilchens).

Aus dem angegebenen Diffusionskoeffizienten für Lipid läßt sich berechnen, daß ein Lipidmolekül etwa 2 µm, d.h. etwa die Länge von Escherichia coli, in einer Sekunde diffundieren kann.

4. Definition von integralen und peripheren Membranproteinen

Das Fluid-Mosaik-Membranmodell hob sich durch die Betonung von Diffusionsvorgängen in Membranen deutlich von den früheren, statischen Membranmodellen ab. Ein weiterer wichtiger Fortschritt war die Definition von integralen und peripheren Membranproteinen. In den frühen 6oer Jahren wurde oft angenommen, daß biologische Membranen überwiegend ein unpolares Strukturprotein enthalten. Aber nach dem Aufkommen der SDS-Gelelektrophorese in den Jahren 1968/69 wurde klar, daß die meisten biologischen Membranen eine Vielzahl von Membranproteinen enthalten, die sich nach ihren Eigenschaften in zwei Gruppen einordnen ließen. Periphere Membranproteine lassen sich mit milden Methoden, z.B. einer Erhöhung der Ionenstärke oder einem Zusatz des Komplexbildners EDTA von der Membran ablösen. Sie lösen sich in lipidfreier Form und lassen sich mit den normalen biochemischen Methoden wie lösliche Proteine reinigen. Beispiele sind das Cytochrom c der inneren Mitochondrienmembran und das hochmolekulare Protein Spektrin, das an die Innenseite der Erythrocyten-Membran gebunden ist.

Von besonderem Interesse als periphere Membranproteine sind die Komponenten des Cytoskeletts höherer Zellen. Dazu zählen die Mikrotubuli (ca. 25o Å Durchmesser) aus dem Protein Tubulin, die Mikrofilamente (ca. 6o Å Durchmesser) aus dem Protein Actin, die Myosin-Filamente mit etwa 15o Å Durchmesser und die intermediären Filamente aus anderen, Gewebsspezifischen Proteinen. Die Rolle von Actin und Myosin bei der Muskelkontraktion ist gut untersucht. Das Cytoskelett hat ebenfalls Funktionen bei subzellulären Bewegungsvorgängen. Zusätzlich bestehen Kontaktpunkte zu zellulären Membranen. Das Cytoskelett könnte daher als periphere Komponente Einfluß auf Membranprozesse haben.

Strukturell kann man sich vorstellen, daß periphere Membranproteine durch polare Wechselwirkungen (elektrostatisch, Wasserstoffbrücken, Mg^+ oder Ca^+-Brücken) an die polaren Gruppen der Lipide oder an die äußeren Bereiche der integralen Proteine von Abb. 12 angelagert sind.

Die integralen Proteine von biologischen Membranen können nur mit drastischen Mitteln in wäßrige Lösung gebracht (solubilisiert) werden, z.B. mit Gallensalzen oder synthetischen Detergentien. In der Regel wird dabei auch Lipid solubilisiert.

Die integralen Membranproteine ragen in das hydrophobe Innere der Membran hinein oder liegen in einer Transmembran-Anordnung vor (s. Abb. 12). Vor einer Besprechung der Struktur und Funktion von Membranproteinen sollen im folgenden Abschnitt die Eigenschaften von Detergentien als zur Zeit wichtigstem Hilfsmittel zur Isolierung integraler Membranproteine besprochen werden. Ein Verständnis der physikalischen Chemie von Detergentien ist zudem eine gute Basis für ein Verständnis der physikalischen Chemie von Phospholipiden.

5. Struktur und Eigenschaften von Detergentien

In der Membranbiochemie wird überwiegend nach empirischen Gesichtspunkten eine Vielzahl von Detergentien verwendet. Diese sind meist technische Produkte der Waschmittel- und Kosmetikindustrie und bestehen dann aus einem Gemisch ähnlicher Verbindungen und oft noch zusätzlichen Verunreinigungen. Zu den wenigen definierten Detergentien gehören die Gallensalze (z.B. Cholat, Desoxycholat), das pflanzliche Digitonin, das Octylglucosid und der Dodecyl-Octa-Äthoxy-Äther (= $C_{12}E_8$).

In der Tabelle 2 sind die chemischen Strukturen der üblichsten Detergentien wiedergegeben, zusammen mit ungefähren Werten für die noch zu besprechende kritische Micellkonzentration, die Micellgröße und den sog. HLB-Wert.

Zur physikalischen Chemie von Detergentien und Phospholipiden

Detergentien und Phospholipide sind amphipathische Moleküle, die in der schon besprochenen Kopf-Schwanz-Struktur darstellbar sind (Abb. 4, S. 9). Phospholipide mit zwei Schwänzen pro Molekül bilden in wäßriger Umgebung Doppelschichten (Bilayer) aus, Detergentien mit nur einem Schwanz pro Molekül können das in der Regel nicht. Sie liegen bei niedrigen Konzentrationen in wäßriger Lösung als monomere Einzelmoleküle vor. Die energetisch ungünstige Wechselwirkung des Wassers mit den Kohlenwasserstoff-Schwänzen führt dazu, daß die Einzelmoleküle oberhalb einer bestimmten kritischen Konzentration (critical micellar concentration, abgekürzt cmc) zu kugelförmigen oder ellipsoiden Micellen aggregieren. Dies ist schematisch in der Abb. 14 (S. 31) dargestellt. Ein Teil der Detergensmoleküle entgeht der thermodynamisch ungünstigen Wechselwirkung der Schwanz-Regionen

Tabelle 2. Struktur und einige physikalische Daten von Detergentien. Die Zahlenwerte hängen stark von den Bedingungen ab und sind daher nur ungefähre Werte

Chemische Struktur und Namen	cmc-Wert	Micellgröße (Zahl der Monomeren)	HLB-Wert
Biologische Detergentien			
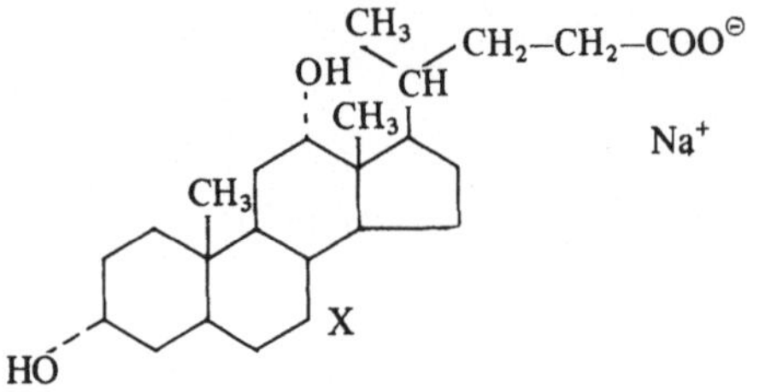 Steroidgerüst mit HO, OH, CH_3, CH_3, CH_3, X; Seitenkette $CH(CH_3)-CH_2-CH_2-COO^{\ominus}$ Na^+ Natrium Desoxycholat (im ähnlichen Cholat befindet sich an der mit x bezeichneten Stelle noch eine OH-Gruppe)	∿ 5 mM	∿ 4 - 30	18
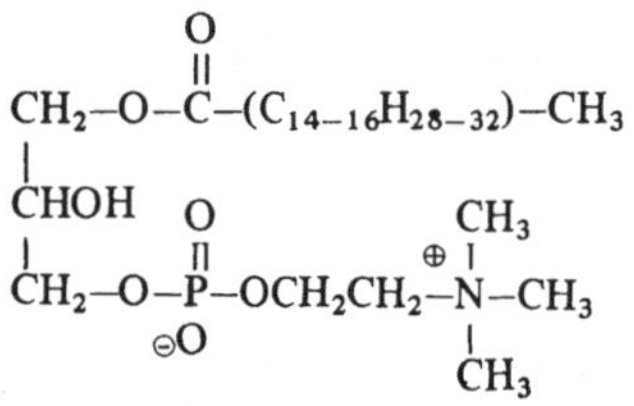 $CH_2-O-C(=O)-(C_{14-16}H_{28-32})-CH_3$ $CHOH$ $CH_2-O-P(=O)(O^{\ominus})-OCH_2CH_2-N^{\oplus}(CH_3)_3$ Lysolecithin	0,06 mM	180	--
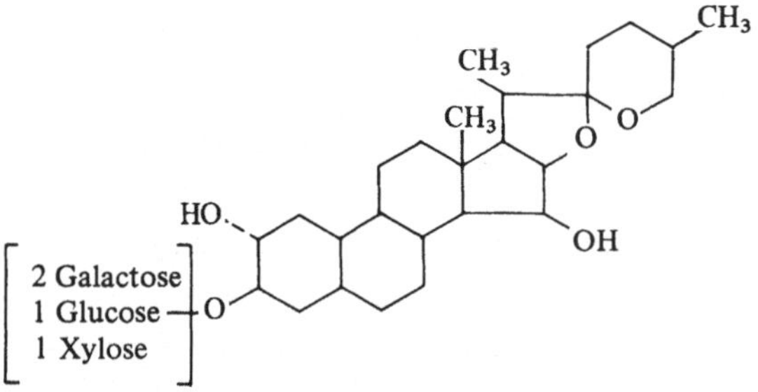 Steroid-Spiroketal mit HO, OH, CH_3, CH_3, CH_3; [2 Galactose, 1 Glucose, 1 Xylose]–O– Digitonin	--	60	--

Tabelle 2. (Fortsetzung)

Chemische Struktur und Namen	cmc-Wert	Micellgröße (Zahl der Monomeren)	HLB-Wert
Nicht-ionische Detergentien			
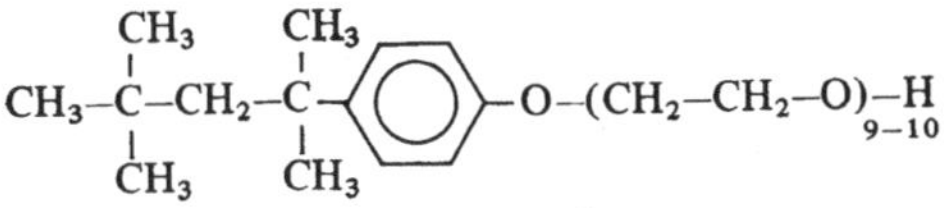 $CH_3-C(CH_3)_2-CH_2-C(CH_3)_2-C_6H_4-O-(CH_2-CH_2-O)_{9-10}-H$ + Isomere Triton X-1oo (Nonidet P-4o ist ähnlich)	0.3 mM	180	13.5
$C_{12-14}H_{25-29}-O(CH_2-CH_2-O)_{9-10}-H$ + Isomere Lubrol PX (Brij 56 ist ähnlich)	∿ 0.1 mM	∿ 100	13
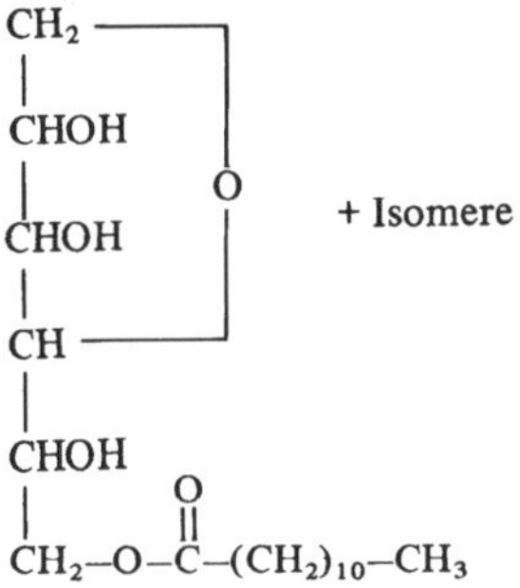 CH_2 (–O– Ring zu CH) – CHOH – CHOH – CH – CHOH – $CH_2-O-C(=O)-(CH_2)_{10}-CH_3$ + Isomere Span 20 (= Sorbitan-monolaurat)	--	--	8.6
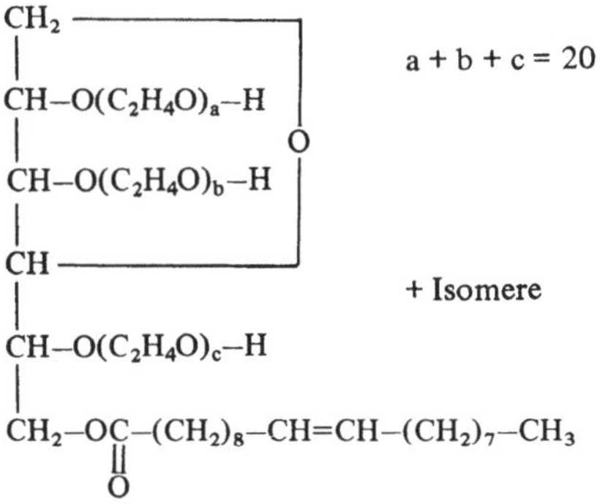 CH_2 (–O– Ring zu CH) – $CH-O(C_2H_4O)_a-H$ – $CH-O(C_2H_4O)_b-H$ – CH – $CH-O(C_2H_4O)_c-H$ – $CH_2-OC(=O)-(CH_2)_8-CH{=}CH-(CH_2)_7-CH_3$ $a + b + c = 20$ + Isomere Tween 80 (= Polyoxyäthylen-Derivat von Span 80 (Sorbitan-Monooleat)	∿ 0,01mM	∿ 100	15

Tabelle 2. (Fortsetzung)

Chemische Struktur und Namen	cmc-Wert	Micellgröße (Zahl der Monomeren)	HBL-Wert
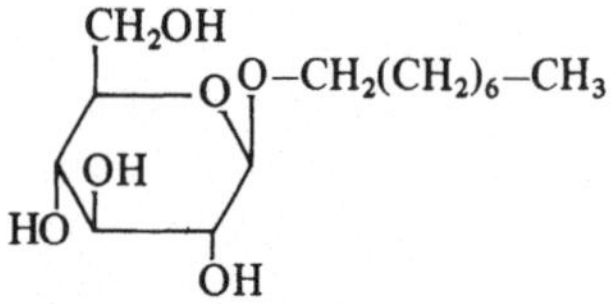 CH_2OH; $O-CH_2(CH_2)_6-CH_3$; OH; HO; OH Octyl–glucosid	25 mM	--	10,2 [a]
$C_{12}H_{25}-O-(CH_2-CH_2-O)_8-H$ $C_{12}E_8$	0,1 mM	∿ 120	14 [a]

a=Berechneter Wert

Ionische Detergentien

Chemische Struktur und Namen	cmc-Wert	Micellgröße (Zahl der Monomeren)	HBL-Wert
$CH_3-(CH_2)_{10}-CH_2-OSO_2^{\ominus}$ $Na^{\oplus}$ Natrium Dodecylsulfat (=sodium dodecylsulphate, abgekürzt/SDS)	5 mM	100	40
$CH_3-(CH_2)_{14}-CH_2-\overset{\oplus}{N}(CH_3)_3$ $Br^{\ominus}$ Cetyl-trimethyl-ammonium Bromid (abgekürzt/CTABr)	2mM	140	--

Abb. 14. Existenzformen eines Detergens-Moleküls in wäßrigem Puffer. (A. Helenius, K. Simons: Biochim. Biophys. Acta 415, 29-79, 1975)

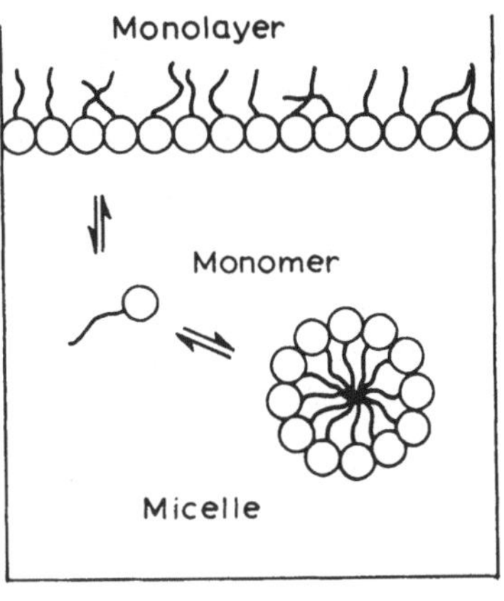

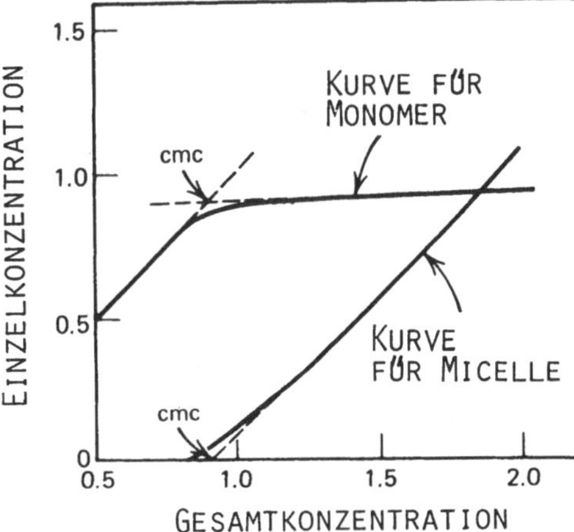

Abb. 15. Abhängigkeit der Monomer-Konzentration und der Micellkonzentration eines Detergens von der Gesamtkonzentration des Detergens. (C. Tanford: The Hydrophobic Effect, p. 48. Wiley, New York 1973)

mit dem Wasser durch die ebenfalls in Abb. 14 gezeigte Orientierung in einem monomolekularen Film an der Wasser/Luft-Grenzfläche. In einem solchen Monolayer bleiben die polaren Gruppen hydratisiert und der Platzbedarf pro Molekül läßt sich z.B. mit der Langmuir'schen Waage bestimmen. Detergensmicellen bilden sich erst bei Erreichen der kritischen Micellkonzentration. Alles weiter zugegebene Detergens wird in Micellen eingebaut, wobei ein Assoziations/Dissoziations-Gleichgewicht Monomer $\rightleftharpoons$ Micelle besteht. Im gesamten Konzentrationsbereich oberhalb der cmc bleibt somit die Monomer-Konzentration konstant. Dieser Sachverhalt ist graphisch in der Abb. 15 dargestellt.

Die energetisch ungünstige Wechselwirkung der unpolaren Schwänze mit dem Wasser führt dazu, daß die cmc-Werte von Detergentien bei konstanter polarer Gruppe umso niedriger sind, je größer der Kohlenwasserstoff-Schwanz ist. Die cmc-Werte nicht-ionischer Detergentien liegen bei gleicher unpolarer Gruppe immer niedriger als die von ionischen Detergentien. Dies liegt an der elektrostatischen Abstoßung von benachbarten gleichartig geladenen Gruppen. Diese Abstoßung führt auch (neben den wichtigeren sterischen Faktoren) zu relativ kleinen Micellgrößen (s. Tab. 2). Von großer Bedeutung ist die Oberflächenladung von ionischen Micellen (und auch Phospholipid-Doppelschichten). Die polaren Gruppen von geladenen Detergens- oder Phospholipidmolekülen kann man als stationäre Festionen ansehen, da sie über die un-

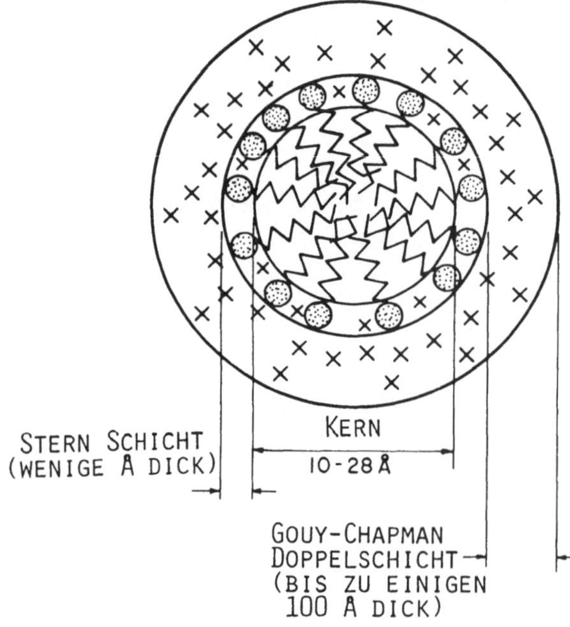

Abb. 16. Verteilung der Gegenionen (Kreuze) an einer ionischen Detergensmicelle in wäßrigem Puffer. (J.H. Fendler, E.J. Fendler: Catalysis in Micellar and Macromolecular Systems, p. 31. Academic Press, New York 1975)

polaren Schwänze in der Micelle oder dem Bilayer verankert sind (Abb. 16). Die Gegenionen (z.B. die Na^+-Ionen des Natrium Dodecylsulfats = SDS, s. Tab. 2) können aber ein Stück in die wäßrige Umgebung abdiffundieren, so daß sich ein Gleichgewicht von Abdiffusion und elektrostatischer Anziehung einstellt. Einige wenige Gegenionen werden direkt in der Schicht der polaren Gruppe gebunden sein und hier einen Teil der Festladungen neutralisieren. Diesen Bereich der Micelle oder des Bilayers nennt man Stern-Schicht (Stern layer). Die viel ausgedehntere (einige Hundert Å) Gouy-Chapman-Schicht (Abb. 16) wird von den in freiem Assoziations/Dissoziations-Gleichgewicht befindlichen Gegenionen eingenommen. Die Gegenionen können auch lateral diffundieren, in einer Art 2-dimensionalem Ionenaustausch. Dieser Prozeß ist von großer Bedeutung für die Bioenergetik. Hier spielt besonders die Wechselwirkung von H^+-Ionen mit negativ geladenen Phospholipiden und mit dem F_0-Teil der ATPase eine große Rolle (s.S. 1o2 ff).

Als Schlußfolgerung ergibt sich, daß die ionischen Verhältnisse an der Oberfläche von Micellen und Membranen anders als in der umgebenden freien Lösung sind. Man arbeitet hier oft mit der Vorstellung des micro-environment.

Die Anwesenheit von zwei Schwänzen pro Molekül führt dazu, daß die CMC-Werte von Phospholipiden äußerst niedrig sind, z.B. wurde für das Dipalmitoyllecithin ein Wert von $1o^{-1o}$ M ermittelt. In höheren Konzentrationen bilden sich spontan Doppelschichten (Bilayer) aus. Diese sind kugelförmig geschlossen, um jeden Kontakt der Fettsäure-Schwänze mit dem Wasser zu vermeiden. Man spricht von Liposomen oder Vesikeln. Die polaren Gruppen von Phospholipiden liegen im Bilayer in einer 2-dimensionalen Konzentration von etwa 5 M vor. Dies ist mehr als doppelt so hoch wie die maximale wäßrige Löslichkeit der polaren Gruppen allein und reicht fast an die Konzentration heran, die die isolierten polaren Gruppen in kristallinem Zustand besitzen (etwa 8 M). Energetisch wird diese unerwartet hohe Konzentration der polaren Gruppen im Bilayer durch die Entropiezunahme (Wasserstruktur) bei der Zusammenlagerung der Fettsäure-Reste ermöglicht.

Selbst nach dem auf S. 22 erwähnten kristallin⟶flüssig-kristallinen Phasenübergang behalten die polaren Gruppen eine relativ geordnete Struktur. Daher wird der "fluide" Bilayer oberhalb der kritischen Temperatur, T_C, für den thermischen Phasenübergang als flüssig-<u>kristallin</u> bezeichnet.

Röntgenbeugungsspektren, dilatometrische Messungen und andere Methoden ergaben, daß sich die Lipid/Wasser-Grenzfläche von Lecithin an der Temperatur T_C um etwa 2o% ausdehnt, die Bilayer-Dicke schrumpft wegen des Schmelzens der Fettsäuren von etwa 5o auf 35 Å. Es ergibt

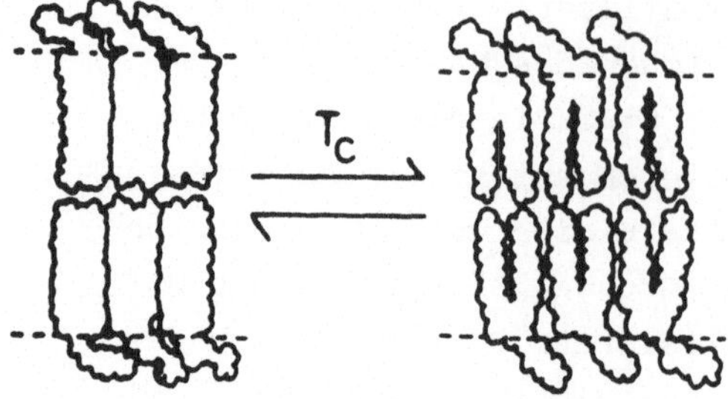

Abb. 17. Schematische Darstellung der strukturellen Veränderung eines Phospholipid-Bilayers beim thermischen Phasenübergang. (H. Sandermann: Biochim. Biophys. Acta 515, 209-237, 1978)

sich eine für einen Schmelzprozeß ungewöhnlich kleine Gesamt-Volumenänderung von etwa 1,5%.

Die geometrischen Veränderungen beim thermischen Phasenübergang sind in der Abb. 17 skizziert. Für ein besseres Verständnis dieses grundlegenden Vorganges sollen jetzt zwei Phasendiagramme besprochen werden.

Kritische Temperaturen in Phasendiagrammen

Bei der Besprechung des Fluid-Mosaik-Membranmodells (s.S. 22 ff) und in der Abb. 13 hat die Fluidität von Fettsäuren in Lipiddoppelschichten eine Rolle gespielt. Die Fluidität spielt auch bei Detergentien eine zentrale Rolle, da sich unterhalb einer kritischen Micelltemperatur (T_C) Micellen gar nicht erst bilden können. Diese Tatsache wird bei einer Betrachtung des in der Abb. 18 gezeigten Phasendiagramms für

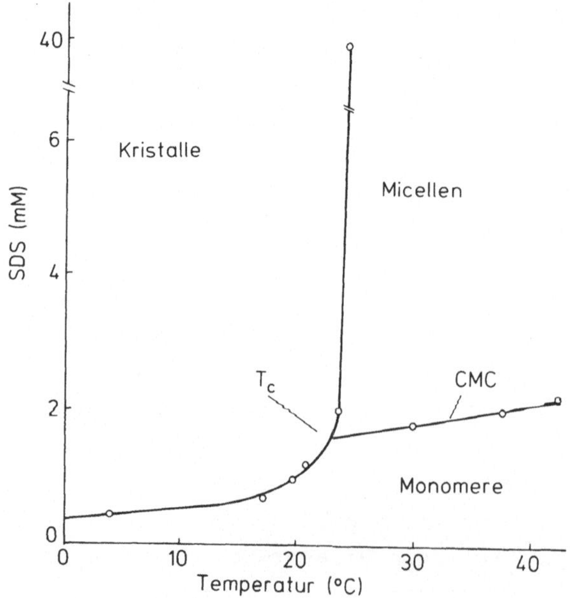

Abb. 18. Konzentrations/Temperatur Phasendiagramm für das Detergens, Natrium Dodecylsulfat (SDS). (A. Helenius, K. Simons: Biochim. Biophys. Acta 415, 29-79, 1975)

Abb. 19. Temperatur/Konzentrations-Phasendiagramm für das Phospholipid, Dipalmitoyllecithin. Die Konzentration ist in Gewichtsprozent in Wasser angegeben. Die Lecithin-Konzentration nimmt also nach rechts hin ab. (D. Chapman et al.: Chem. Phys. Lipids 1, 445-475, 1967

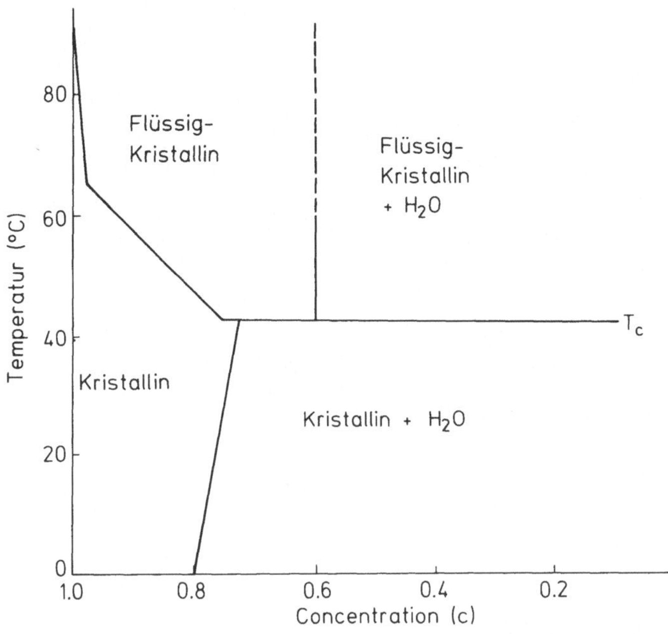

das Detergens Natrium Dodecylsulfat (SDS) klar. Unterhalb einer kritischen Temperatur von etwa 22°C findet man auch bei hohen Konzentrationen von SDS keine Micellen, sondern Monomere sowie Kristalle. Bei Erreichen von T_C schmelzen die Kristalle, und es liegt jetzt eine Mischung von Monomeren und fluiden Micellen vor. Im Prinzip eignen sich solche Phasendiagramme auch zur Zustandsbeschreibung von Phospholipiden und von Komponenten in biologischen Membranen. Eines der ersten Phasendiagramme dieser Art wurde 1967 für das Dipalmitoyllecithin ermittelt (Abb. 19). Statt Micellen bildet dieses Phospholipid oberhalb seines T_C-Wertes von 41°C flüssig-kristalline Doppelschichten aus, die schon schematisch in Abb. 17 dargestellt wurden.

Die geometrischen Änderungen des gesamten Bilayers beruhen auf Änderungen in der Packungsanordnung der Phospholipid-Einzelmoleküle. Diese sind oberhalb T_C viel beweglicher und haben daher einen erhöhten Platzbedarf. Der thermische Phasenübergang läßt sich daher nicht nur durch die Kalorimetrie und Röntgenbeugung (s.S. 23) nachweisen, sondern auch durch alle spektroskopischen Methoden, mit denen die Bewegungsfreiheit von Einzelmolekülen erfaßt wird (S.S. 4o ff).

Alle Methoden zeigen übereinstimmend drastische Diskontinuitäten bei den T_C-Temperaturen der Phospholipide, wobei die T_C-Werte sowohl von der Art der Fettsäure des Phospholipids wie von der Art der polaren Gruppe abhängen. Dies wird bei einem Vergleich der in der Tabelle 3 aufgeführten T_C-Werte deutlich, und erklärt sich daraus, daß der Platzbedarf eines Phospholipid-Moleküls, sowohl von der Art der Fettsäuren, als auch von der Art der polaren Gruppen abhängt. Alle Faktoren, die zu einer engeren Packung von Phospholipid-Molekülen

Tabelle 3. Temperaturwerte für den thermischen Phasenübergang von Lecithinen und Phosphatidyläthanolaminen in überschüssigem Wasser. PG hat als Na^{+} Salz etwa den T-Wert des entsprechenden PC, als nicht-dissoziierte Säure den des entsprechenden PE

	T_C-Wert (^{o}C) für	
Fettsäure	Lecithin (PC)	Phosphatidyläthanolamin (PE)
Di- C_{12}	o	36
Di- C_{14}	23	48
Di- C_{16}	41	63
Di- C_{18}	58	82
Di- Oleoyl	-2o	15

führen (z.B. die Verlängerung gesättigter Fettsäuren oder die Ausbildung intermolekularer Wasserstoffbrücken bei PE, aber nicht PC) führen zu höheren T_C-Werten. Die T_C-Werte von negativ geladenen Phospholipiden (PG, PS, CAR) werden auch bei Zusatz von zweiwertigen Ionen (Ca^{+} oder Mg^{+}) erhöht, da dies zu einer Vernetzung der polaren Gruppen führt.

Laterale Phasentrennung

Der thermische Phasenübergang wird wie der Schmelzvorgang chemischer Substanzen durch Verunreinigungen gestört. Die Schmelztemperatur wird erniedrigt, oder ein scharfes Schmelzen wird ganz unterdrückt. Ein solcher Einfluß von Fremdlipiden auf den Phasenübergang eines Phospholipids wurde zuerst für das System Dipalmitoyl-PC/Cholesterin entdeckt. Bei ca. 3o Mol% Cholesterin war der Phasenübergang mit der Kalorimetrie nicht mehr zu messen, Cholesterin hatte den Bilayer "fluidisiert". Bei Membranstrukturen, die aus einer Mischung verschiedener Moleküle bestehen, ist es wichtig, eine begriffliche Unterscheidung zwischen dem thermischen Phasenübergang (phase transition, Abb. 17) und der thermischen Phasentrennung (phase separation, Abb. 2o) zu machen. Der Phasenübergang bezieht sich auf die Änderung der Beweglichkeit und der Packung eines Lipidmoleküls an T_C, die Phasentrennung bezieht sich dagegen auf einen Entmischungsvorgang, da in der Regel eine in einem Phospholipid-Bilayer oberhalb T_C gut lösliche Substanz unterhalb T_C wegen der einsetzenden Kristallisation viel weniger gut löslich ist und aus dem kristallinen Bilayer herausgedrängt wird. Häufig bleibt

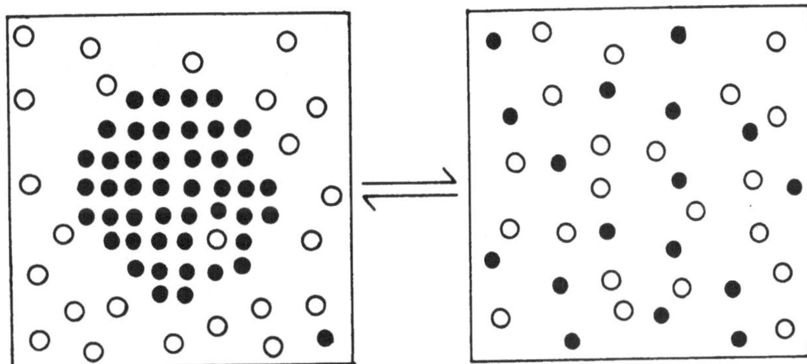

Abb. 20. Schematische Darstellung einer lateralen Phasentrennung. Dargestellt ist ein Blick auf die Oberfläche des Bilayers eines Phospholipids (o), in dem ein Fremdmolekül (•, z.B. ein anderes Lipid oder ein Protein) frei verteilt vorliegen kann (rechte Bildseite). Das Überschreiten eines kritischen Parameters (z.B. Temperatur, Ionenkonzentration, Löslichkeit von •) induziert die Aggregation von •. Das Phospholipid (o) kann dabei weiterhin in einer fluiden Verteilung vorliegen (linke Bildseite). (H. Sandermann: Biochim. Biophys. Acta 515, 209-237, 1978)

die Substanz noch in der Ebene des Bilayers in Inseln (englisch: cluster) erhalten. Diese in Abb. 2o dargestellte Situation wird als "laterale Phasentrennung" bezeichnet. Sie wird typischerweise von den mehr lipophilen Reporter-Molekülen der Abb. 21 (S. 41) gegeben. Dabei kommt es zu Änderungen in den spektralen Eigenschaften dieser Moleküle, die man wiederum zum experimentellen Nachweis von Phasentrennungen ausnutzt. Weniger lipophile Reporter-Moleküle wie z.B. das TEMPO (s. Abb. 21) werden beim thermischen Phasenübergang aus der Membran heraus und in die Wasserphase gedrängt. Hier kommt es also zu einer vertikalen Phasentrennung und zu einer Änderung des Lipid/ Wasser-Verteilungskoeffizienten. Phasentrennungen können nicht nur durch die Temperatur, sondern auch bei konstanter Temperatur durch Veränderungen der Lipidzusammensetzung, durch Veränderung des pH-Wertes oder durch Zugabe von zweiwertigen Ionen induziert werden. Solche isothermen Phasentrennungen sind von besonderem biologischen Interesse, da Wachstum und Differenzierung meist unter isothermen Bedingungen ablaufen. Neben einer isothermen Abtrennung fluider und kristalliner Lipidbereiche sind auch sogenannte fluid-fluid Phasentrennungen möglich. Dieses biologisch wichtige Phänomen soll mit einem Gedankenexperiment illustriert werden.

Eine fluide Phospholipid-Bilayerphase wird in wäßrigem Puffer mit Phospholipase c behandelt. Dabei entsteht ein fluides Diglycerid, das jedoch in Phospholipiden kaum löslich ist. Es kommt zur lateralen Phasentrennung, bis hin zur Abscheidung von makroskopischen Diglyerid-Tropfen. Eine solche fluid-fluid Phasentrennung tritt auch bei der normalen Biosynthese der Triglyceride von pflanzlichen Samenölen oder der Milch auf. In diesen Fällen trennen sich fluide Triglycerid-Tropfen aus den fluiden Membranbereichen, wo die Biosyntheseenzyme lokalisiert sind.

Neben dem Phasenverhalten von Lipiden ist das Phasenverhalten der Proteine von biologischen Membranen von besonderem Interesse. So kann man sich vorstellen, daß Protein/Protein-Wechselwirkungen (die zur Aggregation führen) in Konkurrenz zu Protein/Lipid-Wechselwirkungen stehen. Diese Wechselwirkungen werden stark von der Temperatur und von isothermen Einflüssen, z.B. zweiwertigen Ionen, p_H-Wert, peripheren Membranproteinen, Cytoskelett etc., abhängen. Das Phasenverhalten der Proteine wird ihre Funktionen beeinflussen. Dies hat man z.B. bei dem Vergleich der Temperaturabhängigkeiten von Membranfunktionen und der Partikelaggregation bei der Gefrierätz-Elektronen-Mikroskopie (s.S. 24) beobachtet.

Der HLB-Wert von Detergentien und eine physikalische Klassifizierung von biologischen Lipiden

HLB ist die Abkürzung für Hydrophilic-Lipophilic-Balance. Es handelt sich um einen empirischen Parameter für die relativen Anteile von polaren und unpolaren Strukturbereichen in einer amphipathischen Verbindung, also etwa ein "Kopf/Schwanz"-Verhältnis (s. Abb. 2, S. 9). HLB-Werte wurden ursprünglich in der Waschmittelindustrie für die Anwendung auf Emulgier- und Waschprozesse eingeführt. Die HLB-Skala umfaßt Werte zwischen etwa 1 für Diglyceride und Stearylalkohol und etwa 4o für das polare Natrium Dodecylsulfat (SDS). Zur milden Solubilisierung von Membranproteinen sind oft Detergentien mit HLB-Werten von 11-16 besonders geeignet, z.B. das Triton X-100 mit HLB 13.5 (Tab.2, S. 29). Für biologische Lipide existieren leider keine numerischen HLB-Werte, obwohl natürlich auch hier die physikalischen Eigenschaften von dem oben erwähnten "Kopf/Schwanz"-Verhältnis abhängen. In der Tabelle 4 sind die wichtigsten Klassen von biologischen Lipiden nach diesem Verhältnis und dem resultierenden physikalischen Verhalten in wäßriger Umgebung klassifiziert.

Tabelle 4. Eine qualitative Polaritätsskala von biologischen Lipiden. (Nach D.M. Small)

Lipidklasse	Beispiele	Physikalisches Verhalten	
		in Wasser	auf Wasser
Völlig unpolar	Alle größeren Kohlenwasserstoffe (z.B. Hexadecan, Paraffinöl, β-Carotin, Squalen, Benzpyren) Steroidester von Fettsäuren, z.B. Cholesteryloleat Wachse	Öl oder Kristall Keine Micelle oder Bilayer	Kein Monolayer
Weitgehend unpolar	Di- und Triglyceride Langkettige Alkohole, z.B. Phytol, Polyprenole, Retinol. Andere Verbindungen aus unpolarem Rest und einer OH-Gruppe, z.B. Vitamin A, Vitamin E, Cholesterin und andere Steroide. Wachse mit Säure oder Alkohol von weniger als 4 C-Atomen, z.B. Methyl-Oleat. Die protonierten Formen von Fettsäuren oder Phosphatidsäure	Öl oder Kristall Keine Micelle oder Bilayer	Stabiler Monolayer
Mittlere Polarität	Alle Diacyl-Phospholipide, Sphingomyelin, Cerebroside, Monoglyceride, Galactosyldiglyceride	Flüssige Kristalle oberhalb T_C, meist als Bilayer	Stabile Monolayer
Weitgehend polar	Salze von Fettsäuren, Detergentien, Lysolipide, Ganglioside	Micellen oberhalb T_C und cmc	Instabiler oder kein Monolayer

Spektroskopische Methoden zur Charakterisierung von Lipidphasen

Neben den schon erwähnten Methoden der Kalorimetrie und Röntgenbeugung und der Gefrierätz-Elektronenmikroskopie spielen spektroskopische Methoden heute eine besondere Rolle bei der Untersuchung von Lipidphasen. Einige Methoden sind mit Angabe der jeweils gemessenen Parameter in der Tabelle 5 aufgeführt. Die Kernresonanzmethoden können

Tabelle 5. Spektroskopische Methoden zur Charakterisierung von Lipidphasen

Methode	Ausgewertete Parameter
^{1}H-, ^{2}H-, ^{13}C-, ^{31}P- oder ^{19}F- Kernresonanz	Relaxationszeiten T_1 und T_2. Ordnungsparameter Nuclear Overhauser Effekt
Fluoreszenz	Emissionswellenlänge Quantenausbeute. Lebenszeit des angeregten Zustandes. Scheinbare Mikroviskosität
Fluoreszenzpolarisation	Dipolbeweglichkeit. Scheinbare Mikroviskosität
Elektronenspinresonanz	Ordnungsparameter Korrelationszeiten. Polarität (Hyperfeinkopplung) Scheinbare Mikroviskosität

Abb. 21. Strukturen einiger spektroskopischer Reporter-Moleküle

Für die Fluoreszenzspektroskopie

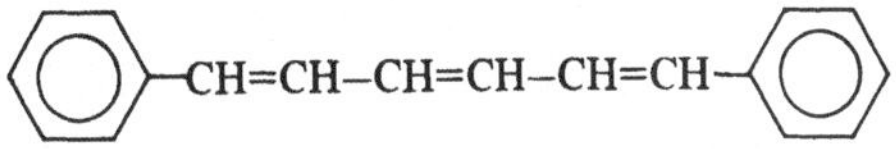

$C_6H_5-CH=CH-CH=CH-CH=CH-C_6H_5$

all–trans–Diphenylhexatrien

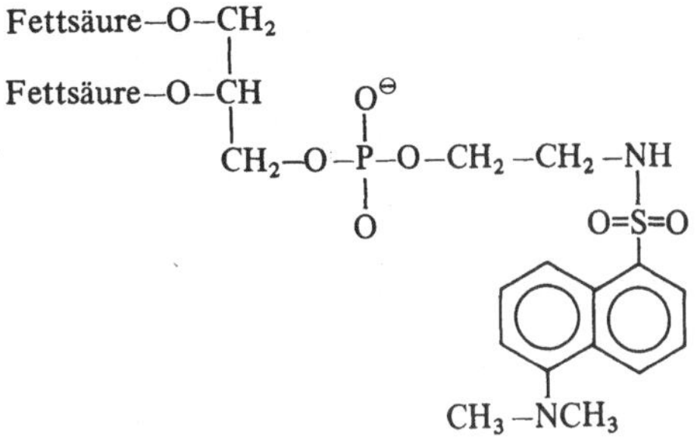

Fettsäure–O–CH_2
Fettsäure–O–CH
CH_2–O–P($O^{\ominus}$)(O)–O–CH_2–CH_2–NH–SO_2–Naphthyl–N(CH_3)CH_3

N–Dansyl–PE

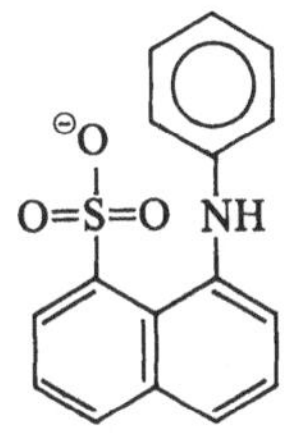

1–Anilinonaphthalin–8–sulfonat (= ANS)

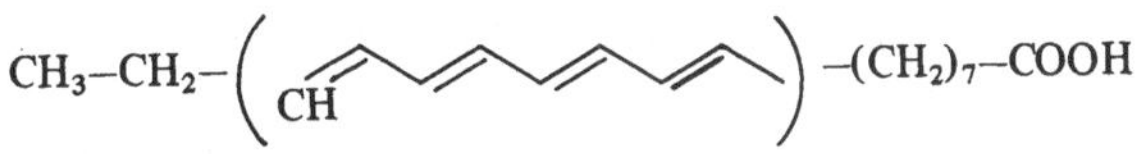

$CH_3-CH_2-(CH=CH)_4-(CH_2)_7-COOH$

Parinarsäure (als cis oder trans–Isomeres in freier Form oder in Lipiden verwendet)

Für die Elektronenspinresonanz-Spektroskopie

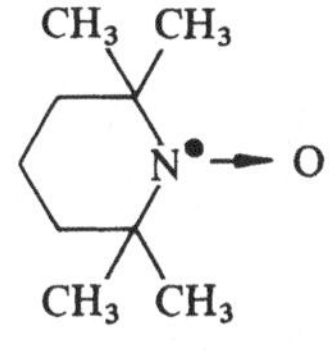

Tetramethyl–Piperidin–N–Oxyl (= TEMPO)

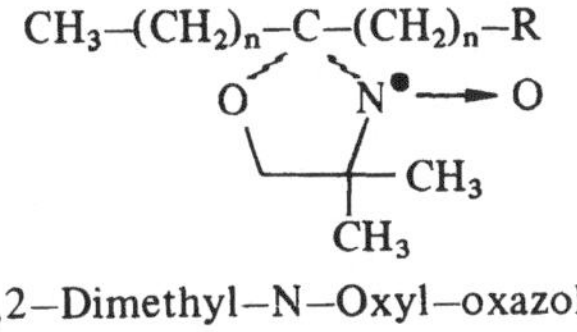

$CH_3-(CH_2)_n-C-(CH_2)_n-R$

2,2–Dimethyl–N–Oxyl–oxazolidin (= DOXYL, in freier From (R = H) oder in Lipiden (R = Lipid) verwendet)

direkt eingesetzt werden. Bei den Fluoreszenz- und Elektronenspinresonanz-Methoden müssen zunächst Reporter-Moleküle in die untersuchte Lipidphase eingebracht (solubilisiert) werden. Einige oft verwendete Reporter-Moleküle sind in der Abb. 21 gezeigt. In ungünstigen Fällen wirken diese Moleküle als Störstelle und liefern ein falsches Bild der Membran.

Künstliche Modellmembranen

Biologische Membranen sind komplex zusammengesetzt. Um die biochemischen Prozesse unter einfachen, gut definierten Bedingungen zu untersuchen, bedient man sich häufig künstlicher Modellmembranen. Als den Prototyp einer Modellmembran kann man Seifenblasen ansehen. Es sind, membran-technisch gesprochen, große Vesikel in Luftmedium. Die Fettsäure-Schwänze sind auf beiden Seiten der Vesikelwand in das Luftmedium orientiert. Die polaren Gruppen ($-COO^-$) tauchen dagegen in das wäßrige Innere der Vesikelwand. In der Membranbiochemie werden sogenannte Monolayer und Bilayer-Membranen von Phospholipiden als Modellmembranen verwendet. Als Monolayer bezeichnet man eine auf eine wäßrige Oberfläche gespreitete monomolekulare Lipidschicht (s. Abb. 14). Die klassische Untersuchungstechnik ist hier die Anwendung der Langmuir'schen Waage (Abb. 22, oben). Durch Verschiebung des beweglichen Balkens erhält man Druck/Fläche-Diagramme, aus denen sich der Platzbedarf pro Lipidmolekül berechnen läßt. Aus den in der Abb. 22 unten wiedergegebenen Kurven geht hervor, daß die Einführung einer cis-Doppelbindung oder die Verkürzung der Fettsäure in einem Lipid zu einem erhöhten Platzbedarf führt (höhere Fluidität). Gorter und Grendel haben 1927 solche Messungen für das Lipid aus Erythrocyten (roten Blutkörperchen) durchgeführt und gefunden, daß die extrahierten Lipide im Monolayer-Versuch ungefähr die doppelte Fläche einnahmen wie in den ursprünglichen Erythrocyten. So kam es zu der heute noch gültigen Hypothese, daß das Lipid in biologischen Membranen überwiegend als Bilayer (= doppelter Monolayer) vorliegt.

Lipid/Protein-Wechselwirkungen lassen sich durch die Injektion von Proteinlösungen in die wäßrige Sub-Phase unterhalb des Monolayers studieren. Diese Technik war besonders erfolgreich bei Phospholipasen und bei Glycosyl-Transferasen mit Lipidsubstraten.

Eine wichtige Modellmembran ist die Black-Lipid-Membrane, als BLM abgekürzt (Abb. 23). Man streicht eine organische Phospholipid-Lösung über eine Bohrung (< 1 mm Durchmesser) in einer Teflonscheibe. Der über die Öffnung gestrichene Lipidtropfen verdünnt sich in wäßrigem Puffer spontan, bis schließlich nur noch eine bimolekulare

Lipidschicht übrigbleibt. Diese sieht bei mikroskopischer Betrachtung schwarz aus. BLM-Membranen haben den Nachteil, daß man aus Stabilitätsgründen meist Wasser-unlösliche organische Lösungsmittel (z.B. Decan) zusetzen muß. Andererseits sind solche Membranen ideal für Leitfähigkeitsmessungen geeignet, da man nur Elektroden in die beiden Pufferkammern einzuführen braucht. So ist insbesondere die molekulare Wir-

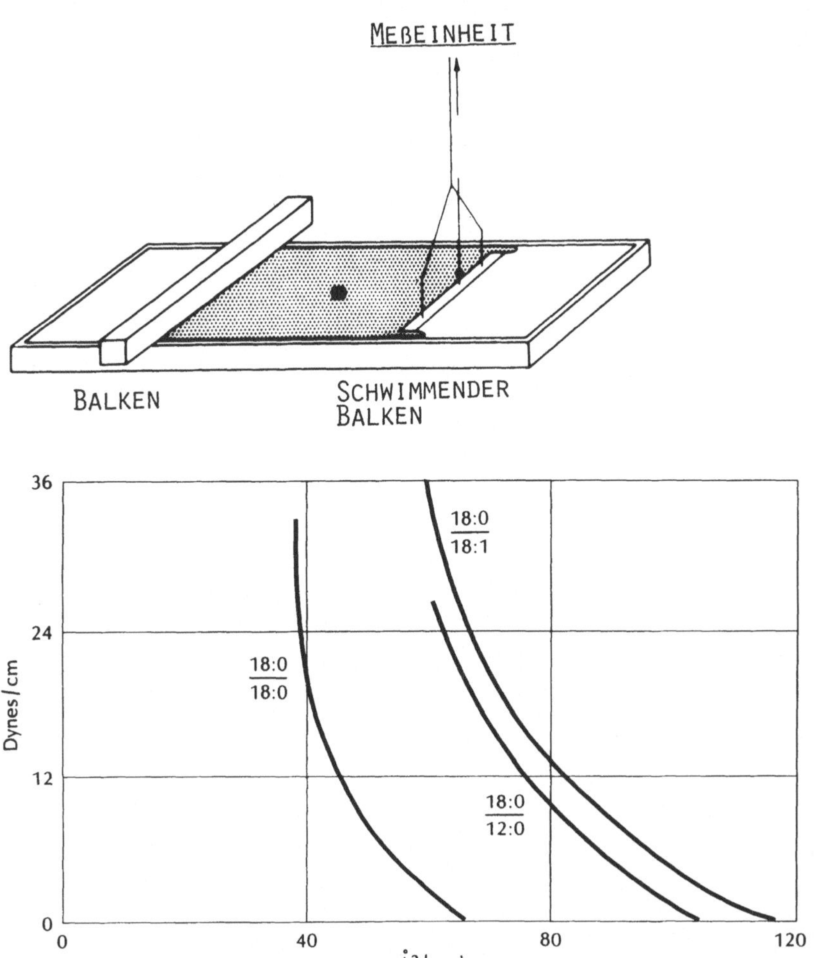

Abb. 22. Der Phospholipid-Monolayer als Modellmembran.
Oberes Bild. Darstellung der Langmuir'schen Waage zur Messung der Oberflächenspannung des Monolayers. Der Monolayer wird an der Wasser/Luft-Grenzfläche zwischen zwei Balken gespreitet. Die Flächenveränderung des Monolayers durch einen über den schwimmenden Balken ausgebrachten Druck wird in der Meßeinheit registriert. Der Druck (in Dyn/cm) wird gegen die Fläche des Monolayers (z.B. $Å^2$/Mol Lipid) aufgetragen. (Modifiziert nach R.A. Demel: Methods Enzymol. 32, 539-544, 1974).
Unteres Bild. Druck/Fläche-Diagramme, die für drei Lipidspecies mit den angegebenen Fettsäuresubstituenten erhalten wurden. Bei gleichem Druck besitzen Lipide mit kürzeren oder ungesättigten Fettsäuren den höheren Flächenbedarf. (A.D. Bangham in: Cell Membranes, eds G. Weissmann, R. Claiborne, pp. 24-34. HP Publ., New York 1975)

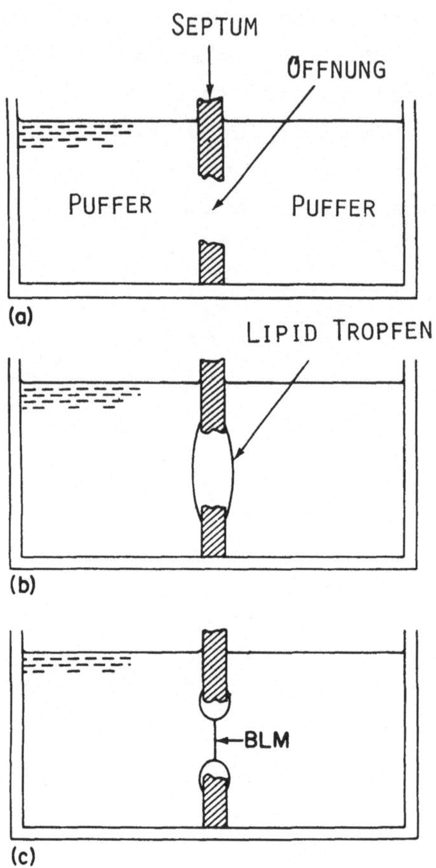

Abb. 23. Schematische Darstellung der Bildung einer Black Lipid Membran. (H.T. Tien: Bilayer Lipid Membranes (BLM), Theory and Practice; p. 12. Dekker, New York 1974)

kungsweise von Ionophoren wie Valinomycin und Gramicidin (s.S. 7o ff) und von Porinproteinen (s.S. 75 ff) untersucht worden. Eine weitere wichtige Modellmembran sind die spontan von Phospholipiden in wäßrigem Puffer gebildeten Vesikel (Liposomen).

Bei direkter Zugabe von Puffer zu getrocknetem Phospholipid erhält man meist mehrschalige Liposomen, die als Myelinfiguren bereits vor ca. 1oo Jahren entdeckt wurden. Diese Zwiebel-artigen Strukturen bilden sich erst bei Temperaturen $\geq T_C$.

Die Ultraschallbehandlung mehrschaliger Liposomen, sowie eine Reihe anderer Verfahren, führen zu einschaligen Liposomen. Deren Größe läßt sich je nach den genauen Versuchsbedingungen zwischen etwa 4oo und einigen 1o ooo Å variieren. Die Größenverteilung wird meist durch Chromatografie auf Sepharose-Gelen bestimmt.

Liposomen bilden sich auch, wenn man aus einer wäßrigen Cholat- oder Desoxycholat-Lösung (s. Tab. 2, S. 28) des Phospholipids das Gallensalz herausdialysiert (Cholat-Dialyse-Methode). Bewährt haben sich auch Injektions- oder Zutropfmethoden. Zunächst wird eine konzentrierte Lösung von Phospholipid in Cholat oder Desoxycholat oder in einem wasserlöslichen organischen Lösungsmittel wie Äthanol hergestellt. Die Lösung wird dann durch Injektion oder durch Zutropfen in einen großen Überschuß wäßrigen Puffers verdünnt, wobei sich spontan einschalige Liposomen bilden. In letzter Zeit hat das mildere Octylglucosid mit seinem noch höheren cmc-Wert (s. Tab. 2) weitgehend die Verwendung von Cholat oder Desoxycholat zurückgedrängt.

6. Membranproteine. Allgemeine Eigenschaften, Isolierung und Biosynthese

Ausgangspunkt. Das Öltröpfchen-Modell

Im Fluid-Mosaik-Membranmodell wurden Membranproteine hauptsächlich nach operationalen Gesichtspunkten in die beiden Klassen der peripheren und der integralen Membranproteine eingeteilt (S. 25 ff). Die integralen Membranproteine unterschieden sich von den peripheren Membranproteinen sowie allen löslichen Proteinen durch ihren Einbau und ihre hydrophoben Wechselwirkungen im Kohlenwasserstoff-Inneren der Membran. In den 5oer und 6oer Jahren hatten Röntgenstrukturanalysen ergeben, daß hydrophobe Wechselwirkungen auch eine Schlüsselrolle bei der Ausbildung der Tertiärstruktur von löslichen Proteinen und peripheren Membranproteinen einnehmen. Wasserstoffbrücken führen bei diesen Proteinen in Nahbereichen zur Ausbildung von Sekundärstrukturelementen (z.B. α-Helix, Faltblatt). Die Faltung zur räumlichen Gesamtstruktur des Proteins beruht aber überwiegend auf hydrophoben Wechselwirkungen, d.h. auf dem Einfluß des Lösungsmittels Wasser.

Unpolare Aminosäure-Seitenketten vermeiden aus energetischen Gründen (Entropie) den Kontakt zu Wasser. Die Röntgenstrukturanalyse von Cytochrom c, Lysozym und von vielen anderen löslichen Proteinen hat gezeigt, daß tatsächlich die unpolaren Aminosäure-Seitenketten überwiegend als "Öltröpfchen" im Inneren der Protein-Tertiärstruktur liegen. Der Öltröpfchen-Bereich ist von einer Schicht hydratisierter polarer Aminosäure-Seitenketten bedeckt. Dieser Protein-Aufbau ähnelt dem einer Micelle (s. Abb. 16). Die kovalente Festlegung der Aminosäuren führt jedoch dazu, daß die Wasserstoffbrücken (z.B. in α-Helix-Bereichen), ferner gelegentliche hydratisierte oder sogar geladene Aminosäure-Seitenketten in das Öltröpfchen-Innere eingepaßt werden müssen. Meist kommt es überdies zum Entstehen kleinerer unpolarer

Außenbereiche auf dem Protein. Diese Abweichungen von der Öltröpfchen-Struktur sind oft von besonderer funktioneller Bedeutung, z.B. bei der Zusammenlagerung zu einer Quartärstruktur oder bei der Bindung von Substraten oder anderen Liganden des Proteins. Eine hervorragend illustrierte Einführung in diese Prinzipien der Proteinstruktur ist das Buch von Dickerson und Geis (s. Literaturangaben auf S. 126).

Für die Klasse der peripheren Membranproteine können wir zunächst einen Aufbau entsprechend dem geschilderten Öltröpfchen-Modell annehmen.

Die integralen Membranproteine müssen jedoch ausgedehnte unpolare Außenbereiche haben, um die hydrophoben Wechselwirkungen zu den Fettsäure-Resten einzugehen (s. Abb. 12). Die unpolaren Außenbereiche führen jedoch auch zur Wasserunlöslichkeit der integralen Membranproteine, und zu ihrer Aggregation nach der Abtrennung der Membranlipide. Diese Eigenschaften haben die Reindarstellung integraler Membranproteine sehr erschwert.

Eine thermodynamische Skala der Hydrophobizität

Um die Hydrophobizität verschiedener Proteine zu vergleichen, wird häufig einfach der prozentuale Gehalt an den Aminosäuren mit unpolaren Seitenketten ausgerechnet (Leucin, Isoleucin, Valin, Phenylalanin, Tryptophan, Methionin, Prolin, oft noch Alanin und Tyrosin). Dies ist ein recht willkürliches Verfahren, und daher haben Edsall, Tanford, Bigelow und andere Forscher ein rohes, thermodynamisch definiertes Verfahren ausgearbeitet.

Spezifische polare Wechselwirkungen, die durch die kovalente Verknüpfung der Aminosäuren bedingte sterische Behinderung und die sterische Begrenzung durch die Packungsdichte im Inneren der Proteinstruktur werden vernachlässigt. Die Polarität im Inneren der Öltröpfchenstruktur wird gleich der von Äthanol oder Dioxan gesetzt, die Polarität im Außenbereich gleich der von Wasser. Es wird weiter angenommen, daß die Aminosäure-Seitengruppen sich gemäß ihrer Löslichkeit in den organischen Lösungsmitteln Äthanol oder Dioxan (= L_{org}) bzw. in Wasser (= L_{H_2O}) zwischen dem inneren und dem äußeren Bereich der Öltröpfchenstruktur verteilen könnnen. Als Verteilungskoeffizient, K, wird in einer ungefähren Näherung der Quotient, L_{org}/L_{H_2O}, verwendet. Die Freie Energie, ΔG_t, für einen Verteilungsvorgang ist allgemein durch die Gleichung, $\Delta G_t = -RT \ln K$, definiert (R=Gaskonstante, T=absolute Temperatur, K= Verteilungskoeffizient).

Für unser Anwendungsbeispiel ergibt sich damit für die Verteilung aus Wasser in das Innere des Proteins,

$$\Delta G_t = - RT \ln \frac{L_{org}}{L_{H_2O}}$$

Die Löslichkeiten von Aminosäuren in Äthanol/Dioxan und in Wasser wurden experimentell bestimmt. Dann wurde angenommen, daß sich die ΔG_t-Werte jeder Aminosäure additiv aus einem Term für die Aminosäure-Seitengruppe und einem Term für die allen Aminosäuren gemeinsame Struktur NH_3^+-CH - COO^- zusammensetzt. Für dieses allgemeine Strukturelement nimmt man den ΔG_t-Wert von Glycin (= $NH_3^+CH_2$-COO^-). Durch Subtraktion von ΔG_t des Glycins von den experimentell für die anderen Aminosäuren ermittelten ΔG_t-Werte ergeben sich die in Tabelle 6 aufgeführten ungefähren Überführungsenergien für die Aminosäure-Seitenketten. Danach ist Tryptophan die unpolarste der natürlichen Aminosäuren.

Tabelle 6. Überführungsenergien (kcal/Mol) für die Verteilung von Aminosäure-Seitenketten aus Wasser in organisches Lösungsmittel (Äthanol oder Dioxan). Die Daten stammen aus Arbeiten von Edsall, Tanford und Mitarbeitern

Aminosäure-Seitenkette von	ΔG_t (kcal/Mol)
Tryptophan	- 3,2
Leucin, Isoleucin, Prolin, Phenylalanin	- 2,5
Tyrosin	- 2,3
Valin	- 1,7
Methionin	- 1,3
Cystein/Halb-Cystin	- 1,o
Alanin	- o,7
Histidin	- o,5
Threonin	- o,4
Glycin, Serin	o
Asparagin, Glutamin	+ o,1
Glutaminsäure	+ 2,9
Asparaginsäure	+ 3,4
Lysin, Arginin, nicht bestimmt. Schätzwert, ca.	+ 4

Wenn man die ΔG_t-Werte aller Aminosäuren in einer Proteinsequenz addiert, erhält man die Gesamt-Hydrophobizität, d.h. die maximal bei der Bildung der Öltröpfchenstruktur zu gewinnende Freie Energie. Wenn man den Wert der Gesamt-Hydrophobizität durch die Zahl der enthaltenen Aminosäuren teilt, ergibt sich die durchschnittliche Hydrophobizität.

Die durchschnittlichen Hydrophobizitätswerte von über 1oo löslichen Proteinen lagen im Bereich von o.9 bis 1.15 kcal/Seitenkette. Dabei lagen die durchschnittliche Hydrophobizität im Inneren der Öltröpfchenstruktur bei 1,3 - 2,1 kcal/Seitenkette, und im äußeren Bereich bei o,5-o,9 kcal/Seitenkette (abgeleitet aus den vorliegenden Röntgenstrukturanalysen).

Es war zunächst überraschend, daß auch integrale Membranproteine durchschnittliche Hydrophobizitätswerte in dem Bereich von o.9-1.15 kcal/Mol besitzen. Nur wenige Ausnahmen [die Polyprenol Kinase (s.S. 62), das Bakteriorhodopsin (s.S. 53), die Lactose Permease (s.S. 79), die Proteolipid-Proteine aus Myelin, und aus der mitochondrialen ATPase] besitzen eine signifikant überhöhte durchschnittliche Hydrophobizität um 1,25 kcal/Mol.

Was macht integrale Membranproteine hydrophob?

Nach dem oben Besprochenen beruht die feste Membranverankerung integraler Membranproteine im allgemeinen nicht auf einer erhöhten durchschnittlichen Hydrophobizität. In Sonderfällen sind Membranproteine kovalent mit Fettsäuren substituiert. Diese können dann, wie bei Lipiden, als Membrananker dienen. Fettsäure-Substituenten findet man z.B. auf dem sog. Braun'schen Lipoprotein der äußeren Membran Gram-negativer Bakterien, bei manchen Virusproteinen, bei dem Proteolipid des Myelins und bei dem Proteolipid, das man mit der Ca^{+}ATPase des Muskels assoziiert findet. Die unpolaren Proteolipide sind in organischen Lösungsmitteln lösliche Polypeptide mit einer durchschnittlichen Hydrophobizität von 1,2-1,3 kcal/Mol. Bei Membranproteinen mit Quartärstruktur (d.h. einem Aufbau aus Untereinheiten) können Proteolipid-Untereinheiten als Membrananker dienen. Solche in die Membran eingebetteten Untereinheiten finden sich im F_o-Teil der ATPase von Mitochondrien, Bakterien und Chloroplasten (s.S. 1o6) und bei der mitochondrialen Cytochrom Oxidase.

Neben diesen Sonderfällen zeichnet sich heute als allgemeineres Bauprinzip ab, daß integrale Membranproteine in ihrer Primärstruktur Teilsequenzen von um die 2o Aminosäuren mit unpolaren Seitenketten besitzen. Dies findet man nicht bei löslichen Proteinen, wo der Öltröpfchen-Bereich durch die besondere Faltung des Proteins, d.h. auf dem Niveau der Tertiärstruktur geschaffen wird. Das relativ einfache Prinzip der Festlegung auf der Ebene der Primärstruktur wurde zuerst in Pionieruntersuchungen 1971-73 an dem mikrosomalen Cytochrom b_5 und der zugehörigen Cytochrom-b_5-Reduktase, und an dem Glycophorin der Erythrozytenmembran nachgewiesen. Die beiden mikrosomalen Proteine wurden bei einer Reinigung in Anwesenheit proteolytischer Aktivität in Wasser-löslicher und noch funktionell aktiver Form erhalten. Die Reinigung der nativen Membranproteine mit Hilfe von Detergens (s.S. 6o) zeigte, daß zusätzliche unpolare Teilsequenzen vorhanden waren. Weitere Untersuchungen zeigten, daß diese unpolaren Sequenzen C-terminal waren und direkt für die Membranverankerung der Proteine verantwortlich waren, wie in Abb. 24 skizziert.

Das Glycophorin ist ein Oberflächen-Sialoglykoprotein (6o Gew.% Zucker), das als Rezeptor für den Influenza-Virus und bestimmte Lectine, sowie als Träger der MN-Blutgruppenspezifität wirkt. Dieses Protein besitzt eine interne unpolare Teilsequenz, wie in Abb. 24 gezeigt. Hydrophobe Teilsequenzen mit durchschnittlichen Hydrophobizitätswerten um 1,3 kcal/Mol sind inzwischen für eine große Zahl weiterer integraler Membranproteine nachgewiesen worden. Sie können C-terminal, N-terminal oder innerhalb der Polypeptidkette lokalisiert sein. Häufig findet sich vor und/oder nach dieser Teilsequenz ein positiv geladener Lysin- oder Arginin-Rest, der durch elektrostatische

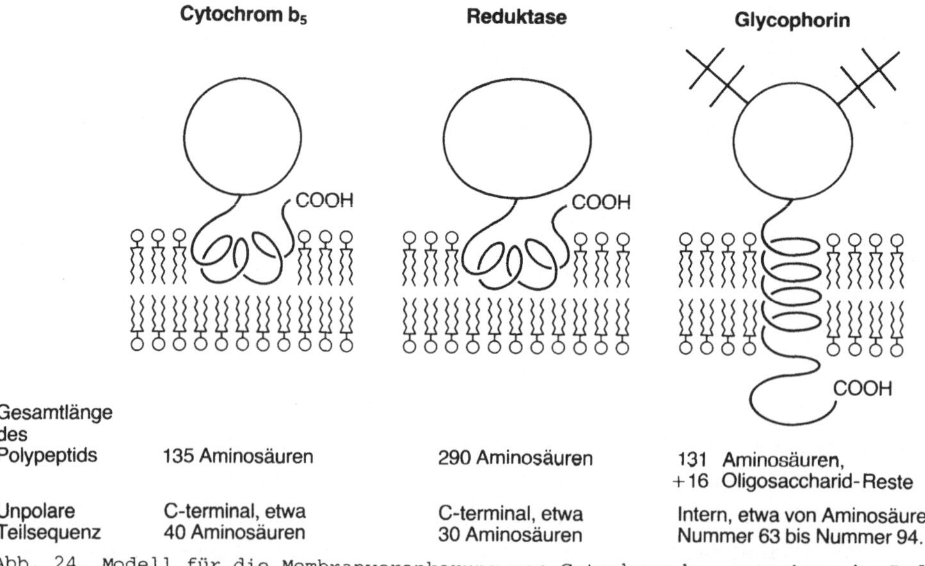

Abb. 24. Modell für die Membranverankerung von Cytochrom b_5, Cytochrom b_5-Reductase und Glycophorin. Die Kreise sollen globuläre Proteinstrukturen in der Wasserphase symbolisieren. Die Helixbereiche tauchen in die Membran ein (Cytochrom b_5, Reductase) oder liegen in einer Transmembrananordnung vor (Glycophorin).

Wechselwirkung zu negativ geladenen Phospholipid-Kopfgruppen für eine zusätzliche Verankerung sorgt. Ähnlich wie bei dem unpolaren Gramicidin (s.S. 71) sind auf Grund von Circular-Dichroismus Messungen sowie theoretischer Berechnungen die hydrophoben Teilsequenzen in Helix-Konformation in die Membran eingelagert.

Die Transmembranorientierung vieler integraler Membranproteine wird nach dem oben Gesagten auf dem Niveau der Primärstruktur festgelegt. Dies ist ein wesentlicher Unterschied zu der Ausbildung der Öltröpfchenstruktur löslicher Proteine, wo die Tertiärstruktur entscheidend ist. Die Festlegung auf der Ebene der Primärstruktur ermöglicht es, Computerprogramme für die Identifizierung der Transmembranbereiche einzusetzen. Es ist heute meist wesentlich leichter, mit Klonierungs- und DNA-Sequenzierungsmethoden die DNA-Sequenz der Strukturgene integraler Membranproteine zu ermitteln, als diese Proteine direkt zu sequenzieren. Wegen der Wasserunlöslichkeit vieler Spaltpeptide ist die Protein-Sequenzierung nach der schrittweisen Edman-Methode nur mit besonderen handwerklichen Tricks möglich. Da zwischen DNA-, m-RNA- und Polypeptidsequenz Ko-Linearität besteht, sind in vielen Fällen die Transmembranbereiche integraler Membranproteine direkt aus der DNA-Sequenz vorhergesagt worden. Das Verfahren soll am Beispiel des Bacteriorhodpsins besprochen werden.

Eine zweite Entwicklung hat zu der gegenwärtigen Konzentration auf Primärstrukturen geführt. Dies war die häufige Beobachtung unpolarer N-terminaler Signal-Sequenzen bei der Proteinbiosynthese. Diese Beobachtungen sollen für sich besprochen werden (S. 62 ff).

Proteinstruktur aus dem Computer

Transmembran-Sequenzen eines integralen Membranproteins müßten sich per Computersuche nachweisen lassen, indem man z.B. Segmente aus ca. 2o Aminosäuren mit ΔG_t-Werten von $\geq 1,2$ kcal/Mol sucht (vgl. Werte von Tabelle 6). Hier soll ein besonders erfolgreiches Computerverfahren von D.M. Engelman und Kollegen besprochen werden. Dieses Programm betrachtet neben den ΔG_t-Energiewerten analog der Tabelle 6 insbesondere Strukturelemente, die den Transfer in eine Kohlenwasserstoff-Umgebung beeinträchtigen, also hauptsächlich hydratisierte und geladene Gruppen. Man betrachtet den schrittweisen Einbau einer Protein-Helix aus Wasser in das Innere der Membran. Der Transfer von polaren Aminosäuren soll die folgenden positiven ΔG-Beträge kosten: Arginin, + 14 kcal/Mol.Lysin, 1o kcal/Mol. Aspartat und Glutamat, je 8 kcal/Mol. Die abgeleiteten Amide, je 7 kcal/Mol. Histidin,

Prolin und Tryptophan, je 3 kcal/Mol. Bei Ausbildung von Ionenpaaren (z.B. Paarung Aspartat/Lysin mit 3-4 Aminosäuren Abstand) ermäßigt sich der ΔG-Betrag auf + 5 kcal/Mol. Eine komplette Transmembran-Helix muß etwa 3o Å überbrücken. Dies entspricht 19 Aminosäuren einer α-Helix. Vom N-terminalen Ende der Primärstruktur her wird für jede Aminosäure das Gesamt-ΔG für die Transmembraneinlagerung der auf sie folgenden 19 Aminosäuren berechnet. Die Energiewerte werden dann in einem Diagramm gegen die jeweilige Aminosäure aufgetragen, wie es in Abb. 25 für das Bacteriorhodopsin gezeigt ist.

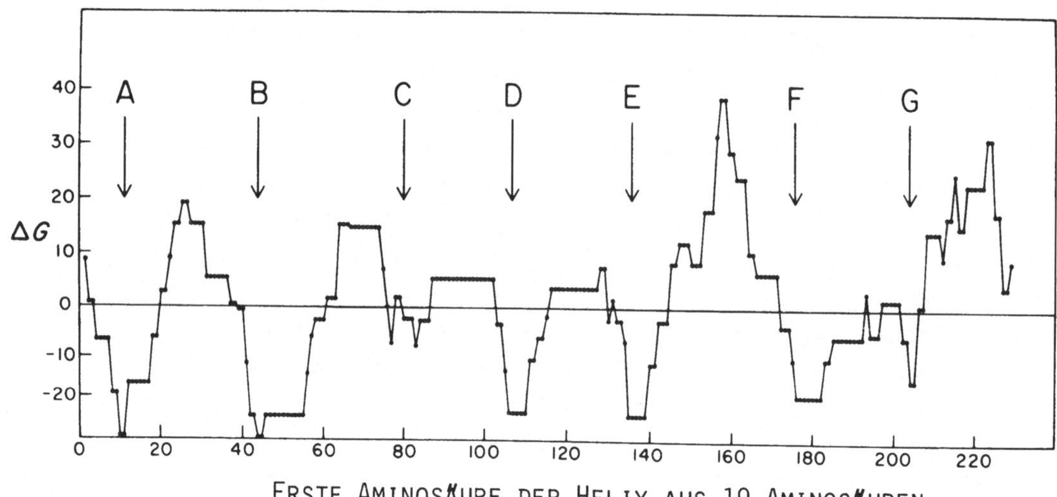

Abb. 25. Energieprofil für das Bacteriorhodopsin. Für jede Aminosäure wurde die gesamte Transfer-Energie (ΔG) für die Verteilung der auf diese Aminosäure folgenden 19 Aminosäuren in den Fettsäurebereich der Membran berechnet(s. Text). Die mit A bis G bezeichneten Stellen weisen negative ΔG -Werte auf, so daß hier helicale Transmembran-Bereiche vorhergesagt werden. (D.M. Engelman et al.: Methods Enzymol 88, 81-86, 1982)

Im Kurvenverlauf sind 7 Bereiche mit negativen ΔG-Werten sichtbar, d.h. man sagt sieben Transmembran-Helices voraus. Weiterhin geht jeweils die erste und die letzte der an der Helix beteiligten Aminosäure aus dem Diagramm hervor. Diese Voraussagen treffen tatsächlich zu (s.u.). Die Anwendung der Methode auf das Glycophorin führt zur Voraussage nur einer Transmembran-Helix, zwischen den Aminosäuren 65 bis 81. Auch diese Vorhersage stimmt mit experimentellen Daten überein (s. Abb. 24). Wegen der Leichtigkeit der DNA-Sequenzierung werden Voraussagen zur Transmembranstruktur integraler Membranproteine selbst in Fällen möglich, wo die Anreicherung des Proteins noch nicht gelungen ist.

Räumliche Struktur von Bacteriorhodopsin

Bacteriorhodopsin ist bisher das einzige integrale Membranprotein, dessen Struktur bis zu einer Auflösung von etwa 7 Å aufgeklärt wurde. Halobakterien lagern Bereiche von Purpurmembran als Inseln in ihre Plasmamembran ein. Die Purpurmembranfraktion läßt sich mit einem einfachen Rohrzuckergradienten gewinnen und enthält Bacteriorhodopsin als einziges Protein. Da keinerlei Proteinreinigung nötig ist, ist das Bacteriorhodopsin eines der populärsten Untersuchungsobjekte der Membranbiochemie und Bioenergetik geworden. Aus 1o Litern Bakterienkultur bekommt man 2oo bis 5oo mg gereinigte Purpurmembran. Bakteriorhodopsin liegt in einem Gitter mit hexagonaler Symmetrie vor. Die Beugungsdiagramme zeigen, daß das Protein trotz seines relativ geringen Molgewichts von 26 ooo sieben Transmembran-Helices ausbildet (Abb. 26).

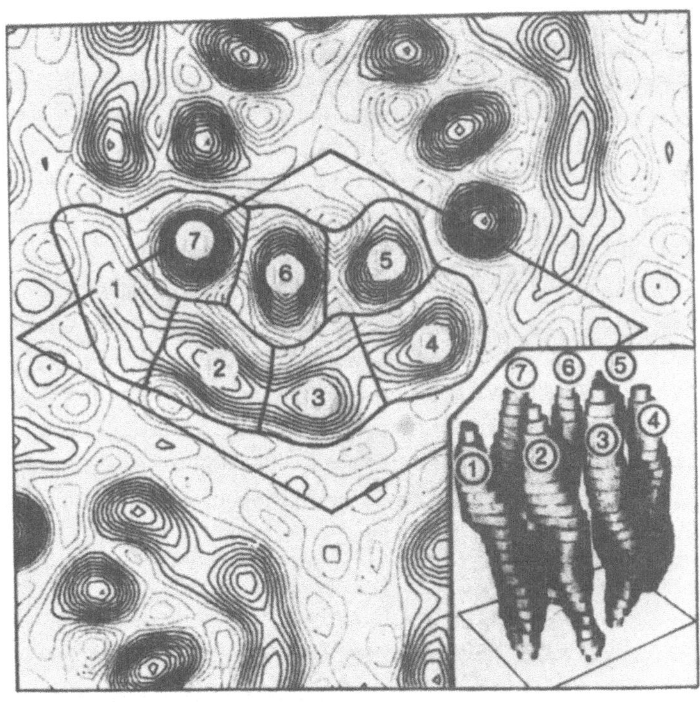

Abb. 26. Elektronenbeugungsdiagramm der Purpurmembran von Halobacterium. Das eingesetzte Teilbild zeigt das abgeleitete Strukturmodell des Bacteriorhodpsins mit seinen sieben Transmembran-Helixbereichen. Die Zuordnung der Helices zu Dichtebereichen des Beugungsdiagramms ist durch die Numerierung von 1-7 angegeben. Die Daten stammen von R.N.T. Unwin und R. Henderson. (D.M. Engelman et al.: Proc. Natl. Acad. Sci. US 77, 2023-2027, 1980)

Die russische Arbeitsgruppe von Ovchinnikov und die amerikanische Gruppe von Khorana haben das Protein vollständig sequenziert, auch die zugehörige DNA-Sequenz ist inzwischen bekannt. Alle vorliegenden Daten haben zu der in Abb. 27 gezeigten Struktur geführt. Die als

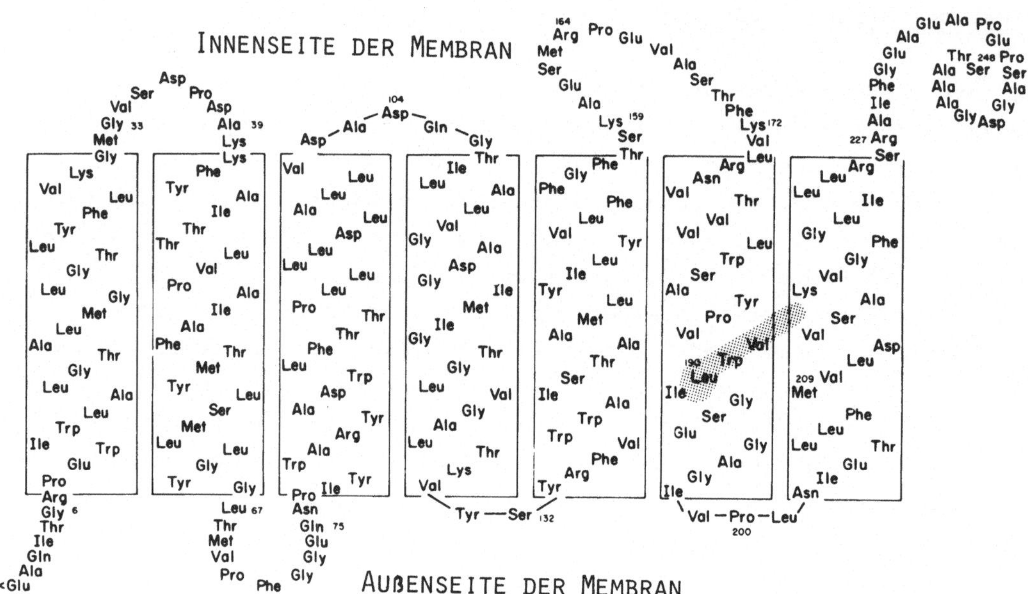

Abb. 27. Transmembrananordnung von Bacteriorhodopsin (Stand: 1982). Die Teilsequenzen der sieben Transmembranbereichen sind in Rechtecke eingefaßt. Die Lage des Retinals ist in der rechten Bildhälfte skizziert. (K.-S. Huang et al.: J. Biol. Chem. 257, 13616-13623, 1982)

Schiff'sche Base an ein Lysin gebundene Retinal-Gruppe liegt ganz im Inneren der Membran. Die Funktion des Proteins als Protonen-Pumpe soll später besprochen werden (S. 1o3 ff).

Es ist anzumerken, daß auch andere integrale Membranproteine zur Ausbildung von Gitterstrukturen neigen, z.B. der Acetylcholin-Rezeptor aus Elektroplax, die mitochondriale Cytochrom Oxidase, die $Na^{+}K^{+}$-ATPase aus Plasmamembranen, Porinproteine der äußeren Bakterienmembran und Reaktionszentren aus Thylakoid-Membranen. Verbesserungen der Kristallisier-Bedingungen werden es wahrscheinlich ermöglichen, weitere Strukturen von integralen Membranproteinen mit Beugungsmethoden aufzuklären.

Drei Arten der Protein-/Detergens-Wechselwirkung

Detergentien sind das gegenwärtig wichtigste Hilfsmittel zur Solubilisierung und Reindarstellung integraler Membranproteine. Es ist daher wichtig, in einem Überblick die drei hauptsächlichen Typen der Protein-/Detergens-Wechselwirkung zu besprechen.

1. Bindung von Einzelmolekülen

Viele lösliche Proteine tragen kleine hydrophobe Außenbereiche, an die lipophile Einzelmoleküle, z.B. Detergentien, Fettsäuren oder manche Pestizide, mit hoher Affinität binden können. Besonders gut ist diese Art der Bindung am Serum Albumin, am β-Lactoglobulin und an dem Ligandin der Leber untersucht. Diese Bindung kann funktionell wichtig sein. So wird das periphere Membranenzym Pyruvat Oxidase aus *Escherichia* coli durch die Bindung von Detergens- oder Lipidmolekülen aktiviert. Die Lipidaktivierung von Membranenzymen soll in einem eigenen Abschnitt besprochen werden (S. 95 ff).

2. Ko-Micellisierung. Eine Meßgröße für den amphipathischen Charakter von Proteinen

Die Bindung von Detergentien an integrale Membranproteine setzt in diesem Fall in der Nähe ihrer cmc-Werte ein. In einem kooperativen

Tabelle 7. Bindung von Triton X-100 an Proteine

Protein	Bindung mg Triton X-100/mg Protein
Cytochrom C	< 0,02
Serum Albumin	0,025
Glycerinaldehyd-3-phosphat Dehydrogenase	0,02
Alkohol Dehydrogenase und viele weitere lösliche Proteine	< 0,02
Na^+ K^+ ATPase	0,3
Ca^{++} ATPase	0,4
Cytochrom Oxidase	0,6
Acetylcholin Rezeptor	0,3
Cytochrom b_5	0,4
Glycophorin	1,1
Bande 3 Protein	0,8
Rhodopsin	1,1

Prozeß wird darauf eine Vielzahl von Detergens-Molekülen gebunden. Die exponierten hydrophoben Bereiche des Proteins wirken analog einem Kristallisations-Keim, ohne daß das Protein bei der Bindung denaturiert wird. In der Regel wird etwa 1 Micelle des Detergens (vgl. Tab. 2, S. 28) pro Proteinmolekül gebunden. Diese Bindung von Detergens ist eines der wenigen direkt meßbaren Merkmale zur Unterscheidung integraler und peripherer sowie löslicher Proteine. Aus den Ergebnissen der Tabelle 7 geht hervor, daß periphere und lösliche Proteine keine Ko-Micellisierung eingehen können. Zu den milden Detergentien, die eine Ko-Micellisierung zeigen, gehören nicht-ionische Detergentien (z.B. Triton X-1oo, die Tween- und Lubrol-Serien und das Octyl-Glucosid), sowie das Cholat und das Desoxycholat (s. Tab. 2, S. 28).

3. Denaturierung durch starke Detergentien. SDS-Polyacrylamidgel-Elektrophorese

Das starke Detergens Natrium Dodecylsulfat (= SDS) ist eines der wichtigsten Hilfsmittel der Membranbiochemie, da seine Bindung an Membran- (und lösliche) Proteine eine hochauflösende Trennung und Molekulargewichtsbestimmung durch die Elektrophorese in Polyacrylamid-Gelen erlaubt. SDS bindet zunächst in Form von Einzelmolekülen. Dann folgt in einem kooperativen Reißverschluß-Mechanismus eine Entfaltung und Denaturierung der Proteine. An die resultierenden Stäbchen-förmigen Polypeptidketten ist eine große Menge SDS gebunden. Die Bindungswerte liegen meist bei ca. 1 gr SDS pro gr Protein, d.h. im Mittel ist an jede zweite bis dritte Aminosäure ein SDS-Molekül gebunden. Die Eigenladung des Proteins ist gegenüber den negativen Ladungen des gebundenen SDS zu vernachlässigen. Ferner besteht eine Proportionalität zwischen Länge bzw. Molekulargewicht der Polypeptidkette und der Menge an gebundenem SDS. Dies führt dazu, daß die Wanderungsgeschwindigkeit durch die Poren eines Polyacrylamid-Gels in linearer Beziehung zum Logarithmus des Molekulargewichtes steht. Dies ist durch die Eichkurven von Abb. 28 illustriert. Das positiv geladene Detergens, Cetyl-trimethylammonium Bromid (= CTABr, s.S. 3o) wirkt ähnlich wie SDS, obwohl etwa 1o mal mehr Detergens nötig ist.

Die SDS-Gelelektrophorese ist das gegenwärtig meistverwendete analytische Hilfsmittel der Membranbiochemie. In einigen Fällen gelingt nach der Elektrophorese eine Renaturierung von Membranenzymen, z.B. durch Austausch des gebundenen SDS gegen Phospholipid. Man kann in vielen Fällen Proteinbanden aus SDS-Gelen in ein Kaninchen

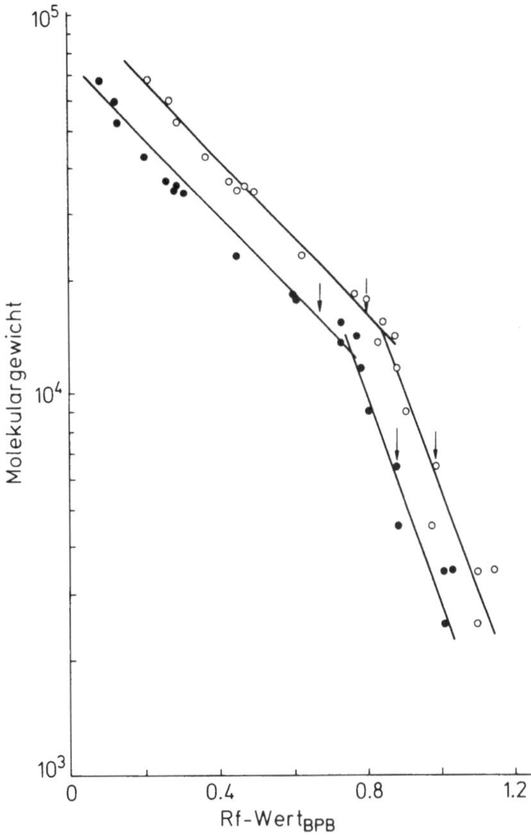

Abb. 28. Eichkurven für die Molekulargewichtsbestimmung von Proteinen durch die Polyacrylamid-Gelelektrophorese in Anwesenheit von Natrium Dodecylsulfat (SDS). Die auf den an der Front laufenden Referenzfarbstoff (Bromphenolblau) bezogenen Rf-Werte der Proteine sind gegen die Molgewichte aufgetragen (logarithmische Skala). Bei der unteren Eichkurve wurde ein Polyacrylamid-Gel mit kleineren Porengröße verwendet (stärkere Siebung). Die Eichkurven zeigen bei niedrigen Molgewichten einen Knick, da hier die Proteine nicht mehr als Stäbchen behandelt werden können. (H. Sandermann, J.L. Strominger: Proc. Natl. Acad. Sci. US 68, 2441-2443, 1971)

injizieren, um spezifische Antikörper zu erhalten. Auch die Aminosäureanalyse, Endgruppenbestimmungen und Sequenzierung können mit den aus SDS-Gelen eluierten Proteinen durchgeführt werden. Neben der Anwendung des kostspieligen automatischen Sequenators gelingt häufig auch im manuellen Verfahren mit der Dansyl-/Edman-Methode in SDS-haltigem Puffer eine Bestimmung der ersten 3-6 Amino-terminalen Aminosäuren. Schließlich ist die Autoradiografie von radioaktiv markierten Proteinen auf SDS-slab- (= Platten)-Gelen eine häufig verwendete Technik bei Versuchen zur Proteinbiosynthese und bei der Affinitätsmarkierung. Dabei erreicht man durch Imprägnieren der Gele mit einem Scintillator eine wesentlich höhere Empfindlichkeit auf dem Röntgenfilm (Verfahren der Fluorografie).

Isolierung von integralen Membranproteinen

Einsatz von milden Detergentien

Während periphere Membranproteine relativ leicht von Membranen abgelöst und gereinigt werden können (s.S. 25 ff), müssen zum Löslichmachen (Solubilisierung) der integralen Membranproteine hydrophobe Protein-/Lipid-Wechselwirkungen gelöst werden. Das häufigste Hilfsmittel hierzu sind die bereits unter Ko-Micellisierung besprochenen milden Detergentien, die an integrale Membranproteine binden, ohne sie zwangsläufig zu denaturieren. Bei geringen Detergens-Konzentrationen kommt es zur Einlagerung von Detergens-Molekülen in die Membran. Die Erhöhung der Detergens-Konzentration führt zur Lyse und zur Fragmentierung der Membran. Bei einem Überschuß an Detergens wird das Membranlipid weitgehend von den integralen Membranproteinen verdrängt. Es bilden sich Lipid/Detergens- und Protein/Detergens-Micellen. Bei Verwendung eines nicht-ionischen Detergens (z.B. Triton X-1oo) lassen sich solche Protein/Detergens-Komplexe durch das Verfahren der isoelektrischen Fokussierung auftrennen.

Eine hochauflösende Methode der Proteinanalyse besteht in der 2-dimensionalen Verwendung von Plattengelen (a) in der SDS-Gelelektrophorose und (b) in der isoelektrischen Fokussierung.

Für die präparative Isolierung von funktionellen integralen Membranproteinen (Enzym-, Transport- oder Rezeptorproteine) ist eine möglichst vollständige Protein-Lipid Dissoziation erwünscht, ohne aber die ebenfalls durch hydrophobe Wechselwirkungen stabilisierte Tertiärstruktur des Proteins zu zerstören, also zu denaturieren. Diese beiden schwer zu vereinbarenden Gesichtspunkte erklären, warum die Wahl des richtigen Detergens in der Membranbiochemie oftmals an die Zeiten der Alchemie erinnert. Manche Forscher beschränken sich auf die üblichsten Detergentien (Triton X-1oo, Tween 8o, Lubrol), andere Forscher arbeiten systematisch nach HLB-Werten (s.S. 38) oder nach Geheimrezepten, oft mit nicht handelsüblichen Detergentien. Eine deutsche Arbeitsgruppe setzte das Geschirrspülmittel Pril ein und beeindruckte damit amerikanische Arbeitsgruppen. Zu den temporären Geheimtips unter den Fachleuten gehörten das Brij 36T, das es nur in Mexiko gab, und in letzter Zeit das $C_{12}E_8$, das man sich aus Japan besorgen muß. Gut finanzierte Labors erkennt man an der Verwendung der definierten Bilderbuch-Detergentien, Octylglucosid oder des vom HLB-Wert her evtl. günstigeren Dodecyl-Maltosid. Diese Detergentien werden in typischen Konzentrationen von 1o Gramm pro Liter

Puffer eingesetzt (1 Gramm = ca. 1oo DM Katalogpreis). Nur in Ausnahmefällen (z.B. Porinproteine) können integrale Membranproteine mit Erhalt der Funktion in SDS gereinigt werden.

Die Verwendung neutraler Detergentien erlaubt eine Reinigung der Protein/Detergens-Komplexe auf Ionenaustausch-Medien (z.B. DEAE- oder CM-Cellulose). Erfolgreiche Anreicherungen werden auch mit der Affinitätschromatografie an einer mit Hochaffinitäts-Liganden substituierten Sepharose-Säule, oder mit Antikörper-Fällungen erzielt.

Einsatz von chaotropen Agentien

Chaotrope Agentien sind Stoffe, die die Wasserstruktur stören. Die sonst zur hydrophoben Wechselwirkung führende, energetisch ungünstige Wechselwirkung von Wasser mit unpolaren Substanzen (Entropieabnahme!) wird durch chaotrope Agentien stark beeinträchtigt. Zu den chaotropen Agentien gehören neben dem relativ schwachen Harnstoff Salze, in denen das Anion oder das Kation besonders groß ist. Beispiele sind das Natrium Perchlorat ($NaClO_4$) und das Guanidinium Hydrochlorid (GuHCl). Guanidinium isothiocyanat (GuSCN) ist das stärkste chaotrope Agens. Während z.B. GuSCN (6 molar) die Membranproteine von Escherichia coli unter Denaturierung fast vollständig auflöst, kann man mit GuHCl (3 molar) die membrangebundene D-Lactat Dehydrogenase von E. coli in aktiver Form isolieren.

Einsatz von organischen Lösungsmitteln

Hydrophobe Wechselwirkungen z.B. von Lipid und Protein, werden durch das Lösungsmittel Wasser induziert. Es ist daher naheliegend, zur vollständigen Lipid/Protein Dissoziation und zur Reinigung integraler Membranproteine nicht-wäßrige Lösungsmittel einzusetzen. Folch und Lees entdeckten 1951, daß sich bei der Lipidextraktion von Nerven- und anderen Säugergeweben auch ein Teil des Membranproteins löste. Sie prägten den Ausdruck Proteolipide für die in organischen Lösungsmitteln löslichen Membranproteine, deren Aminosäurezusammensetzung schon besprochen wurde (S. 49). Bei pH-Werten von 3-6 lösen sich etwa 2% des gesamten Proteins verschiedener Membranen in Chloroform oder Butanol, bei pH 0 bis 2 über 90%. In aprotischen organischen Lösungsmitteln, besonders dem Hexamethylphosphorsäuretriamid $[O = P\text{-}[N\text{-}(CH_3)_2]_3]$ lösen sich bei physiologischem pH-Wert (6-8) bis zu 8o bis 95% des Membranproteins. Das HMPT ist allerdings als ein potentielles Carcinogen eingestuft, so daß strenge Sicherheitsmaßnahmen einzuhalten sind.

In den letzten Jahren wurden Ionenaustausch- und Gelchromatografie-Methoden entwickelt, um Proteine in organischen Lösungsmitteln zu fraktionieren. So konnten mehrere Enzyme, Transportproteine und hydrophobe Enzym-Untereinheiten in aktiver Form isoliert werden.

Beispiele für die Anreicherung integraler Membranproteine

Cytochrom b_5 und Cytochrom b_5 Reduktase (nach Strittmatter)

Diese Redox-Komponenten des endoplasmatischen Retikulums von Leberzellen werden aus der Mikrosomenfraktion gewonnen. Zunächst wird der größte Teil des mikrosomalen Lipids mit einem Überschuß kaltem Aceton (- 1o^{o}C) extrahiert und verworfen. Der Rückstand wird mit Detergens (2% Triton X-1oo) extrahiert. Die Lösung wird dann auf eine Säule von DEAE-Cellulose gegeben. Dort wird das rötlich gefärbte Cytochrom b_5 gebunden. Die Reduktase läuft jedoch durch die Säule und wird dann an eine zweite, in Anwesenheit von 2% Triton X-1oo gepackte Säule von DEAE-Cellulose gebunden. Die an DEAE-Cellulose gebundenen Proteine werden nach gründlichem Waschen durch stufenweise erhöhte Salzkonzentrationen in Anwesenheit des Detergens Desoxycholat eluiert. Am Ende wird dieses Detergens durch Chromatografie auf Sephadex G-25 entfernt und man erhält die reinen Proteine in lipidfreier und stabiler Form.

Glycophorin (nach Marchesi)

Dieses nicht-katalytische Protein der Erythrozytenmembran ist Träger von A-, B- und MN-Blutgruppen, sowie Bindungsstelle für den Influenza-Virus und einige Lectine. Nach der osmotischen Lyse von Erythrozyten wird die Membranfraktion mit o.3 molar Lithium Di-jodo-salicylat (= 2-Hydroxy-3,5-Dijod-benzoat, ein chaotropes Agens) behandelt. Das gelöste Material wird durch Zentrifugation isoliert und zwischen Phenol und Wasser verteilt. Glycophorin findet sich wegen seines hohen Zuckeranteils in der wäßrigen Oberphase, während sich die meisten anderen Proteine vorzugsweise in Phenol verteilen. Nach der Dialyse und Gefriertrocknung der Oberphase liegt das Protein in fast reiner Form vor. Die weitere Reinigung kann durch Chromatografie an Phosphocellulose bei pH 3.6 erfolgen. Nur die Verunreinigungen binden an diese Säule. Bei der SDS-Gelelektrophorese erscheint das gereinigte Glycophorin als eine Bande vom Molgewicht 55 ooo. Dieser Wert ist jedoch viel zu hoch, wie es oft mit Glycoproteinen bei der SDS-Gelelektrophorese der Fall ist. Das Protein enthält 131 Aminosäuren (s. Abb. 24) und hat damit ein Molgewicht der Polypeptidkette von etwa 16 ooo. Die Wanderung wird durch die ca. 6o% Zuckeranteil des Proteins (die kaum SDS binden) stark verlangsamt. Die Bindungseigenschaften des Proteins lassen sich nach der Reinigung durch die Rekonstitution in Lecithin-Vesikeln wieder herstellen.

Ca^{2+}ATPase (nach MacLennan)

Dieses Enzym sorgt für den Aufbau von Ca^{2+}-Gradienten in Muskelzellen. Zunächst wird Skelettmuskel vom Kaninchen gründlich in Puffer homogenisiert. Größere Partikel, einschließlich Mitochondrien, werden durch Zentrifugation (1o ooo g, 15 min) entfernt. Anschließende Ultrazentrifugation (44 ooo g, 5o min) führt zur Mikrosomenfraktion. Bei Behandlung mit Natrium Desoxycholat (o.1 mg pro mg Protein) in Anwesenheit von 1 molar KCl geht die als Hauptprotein enthaltene Ca^{2+}ATPase in Lösung. Durch eine fraktionierte Fällung mit Ammonium Acetat erhält man die 3-4fach (bezogen auf die Mikrosomen) gereinigte Ca^{2+}ATPase, die noch Phospholipid enthält. Bei der SDS-Gelelektrophorese zeigt sich eine katalytische (phosphorylierbare) Bande vom Molgewicht 1o2 ooo und ein Proteolipid vom Molgewicht ca. 1o ooo . Das enthaltene Phospholipid kann nach Zugabe von Cholat durch Ultrazentrifugation oder Gelchromatografie weitgehend entfernt werden, wobei die ATPase Aktivität verloren geht. Durch Rekonstitution mit Phospholipiden, Fettsäure, Anionen oder bestimmten Detergentien wird eine Reaktivierung erreicht.

$Na^{+}K^{+}$ATPase (nach Jørgensen)

Dieses Marker-Enzym der Plasmamembran ist für die Anreicherung von K^{+} und Abreicherung von Na^{+} in Säugerzellen verantwortlich. Aus Nieren wird das Enzym isoliert, indem man zunächst die Außenmark-Region aus Nierenscheiben herausschneidet und daraus nach Homogenisieren im Potter-Gefäß (in Anwesenheit von o,25 molar Rohrzucker) und differentieller Zentrifugation eine Mikrosomenfraktion isoliert. Die Suspension der Mikrosomen wird mit 3 mM ATP versetzt, um das Enzym vor Denaturierung zu schützen. Nach Zugabe von etwa o,4 mg SDS pro mg Protein lösen sich alle Membranproteine bis auf die $Na^{+}K^{+}$ATPase, die als Sediment einer Ultrazentrifugation (6o ooo g, 9o min) erhalten wird. Das gereinigte partikuläre Enzym enthält etwa 4o Gewichtsprozent Phospholipid, das sich unter Verlust der Enzymaktivität durch Lösen des Enzyms in einem milden Detergens und Gelchromatografie zum größten Teil entfernen läßt. Durch die Rekonstitution mit Phospholipiden kann man die ATPase reaktivieren. Die SDS-Gelelektrophorose zeigt zwei Banden der Molgewichte 96 ooo (ATP und Ouabain-bindende und phosphorylierbare Untereinheit mit dem aktiven Zentrum) und 57 ooo (Glykoproteinuntereinheit unbekannter Funktion). Auch ein Proteolipid vom Molgewicht etwa 1o ooo ist in Na^+K^+ATPase Präparationen nachweisbar.

Polyprenol Kinase und Diglycerid Kinase

Diese Enzyme haben regulatorische Bedeutung in Lipidbiosynthesewegen (Polyprenol Zyklus bzw. Diglycerid Zyklus). Nach dem Aufschluß von *Staphylococcus*- bzw. *Escherichia coli*-Zellen durch enzymatische Verdauung der Zellwand wird die Membranfraktion durch Zentrifugation isoliert. Bei einer Butanol/Wasser-Verteilung bei pH 4,2 lösen sich neben den Kinasen etwa 2% des Gesamtproteins der Membran und ein Großteil der Lipide in der Butanol-Phase. Weitere Reinigungsschritte werden in organischen Lösungsmitteln durchgeführt: Die Fällung der Proteine bei - 2o°C, die Chromatografie an DEAE-Cellulose mit einem Ammonium Acetat-Gradienten, und schließlich die Gelpermeation an Sephadex LH-6o in Butanol-1/Methanol. Die Enzymproteine liegen dann in lipidfreier und katalytisch inaktiver Form vor. Durch Rekonstitution mit verschiedenen Lipiden läßt sich eine volle Reaktivierung erreichen. Bei der SDS-Gelelektrophorese zeigt sich jeweils eine Proteinbande vom Molgewicht etwa 16 ooo. Dieser Wert stimmt mit den auf der Sephadex LH-6o Säule in organischem Lösungsmittel erhaltenen Werten überein.

Biosynthese von Membranproteinen. Die Signalhypothese

Palade und Siekevitz haben in Pionierarbeiten die zelluläre Wanderung der vom Pankreas sekretierten Proteine untersucht. In einer Fortführung dieser Arbeiten kamen G. Blobel und Mitarbeiter zu der sog. Signalhypothese für den ersten Transportschritt des zu sekretierenden Proteins (Abb. 29).

Bei der Translation der messenger-RNA für zu sekretierende Proteine wird vor der eigentlichen Proteinsequenz zunächst eine zusätzliche

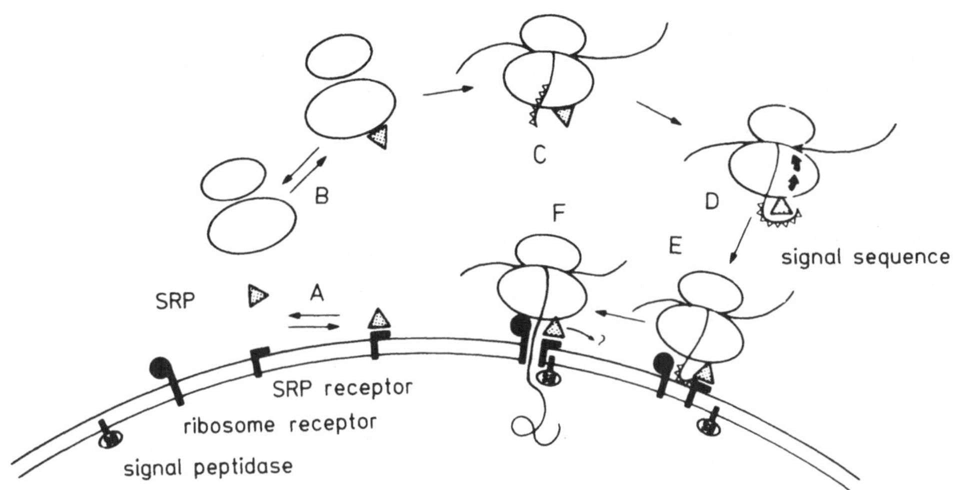

Abb. 29. Die Signalhypothese zur Biosynthese von Membranproteinen und sekretierten Proteinen am rauhen ER. Die beteiligten, links isoliert gezeichneten Komponenten der ER-Membran sind die Signalpeptidase, der Ribosomen Rezeptor und der SRP-Rezeptor. Cytoplasmatische Komponenten sind das Signal-Erkennungspartikel, SRP, und das aus den beiden Untereinheiten bestehende Ribosom mit der eingelagerten m-RNA (C) und dem wachsenden Polypeptid (C und D). In Teilbild D verursacht das SRP eine Unterbrechung der Kettenverlängerung. Diese Hemmung wird nach der Bindung an die ER-Bindungskomponenten wieder aufgehoben (E). Das Polypeptid wird daraufhin durch die ER-Membran hindurch weiter verlängert (F). (P. Walter, G. Blobel: J. Cell. Biol. 91, 557-561,1981)

Sequenz von 15-3o unpolaren Aminosäuren gebildet. Eine solche Extrasequenz wurde zuerst 1972 in Vorstufen von sekretierten Immunglobulinen nachgewiesen. Die unpolare Signalsequenz wird von einem Signalerkennungspartikel (SRP genannt) wahrgenommen.

SRP ist ein lösliches Aggregat aus etwa 6 Polypeptiden und einer 7S-RNA. Die Bindung von SRP unterbricht zunächst die Translation, die aber nach der Bindung an Rezeptorstellen der ER-Membran weiterläuft. Es bildet sich nun mit Hilfe von Proteinen des ER ein "Kanal", durch den hindurch die Polypeptidkette weiterwächst.

Bereits während des Kettenwachstums können Zuckerreste auf das Protein übertragen werden (s.S. 116), und die Signalsequenz kann durch die Signalpeptidase abgespalten werden.

Die zu sekretierenden Proteine befinden sich am Ende in löslicher Form im Inneren (= Lumen) der ER-Zisternen. Nach der Wanderung der Proteine durch den Golgi-Komplex schnüren sich in der äußeren Golgi-Region Vesikel ab. Die im Golgi-Komplex modifizierten Proteine befinden sich im Inneren der Vesikel. Die Vesikel können an die Plasmamembranen wandern und dort fusionieren. In einer umgekehrten Pinozytose werden die zu sekretierenden Proteine nach außen ausgeschüttet.

Während des anfänglichen Durchtritts durch die ER-Membranen können aber auch hydrophobe Sequenzbereiche des Proteins in der Membran "steckenbleiben". Dann würde der eben für die Sekretion beschriebene Wanderungsweg zu einem Transmembranprotein der Plasmamembran führen (Beispiel: Glycophorin).

Es wird nun weiterhin postuliert, daß es Signale für das Steckenbleiben in der Membran oder für den Austritt des Peptids in die wäßrige Phase gibt. Eine relativ geringe Zahl solcher Signale reicht aus, um auch komplexe Einlagerungsmuster integraler Membranproteine, wie z.B. des Bakteriorhodopsins, zu erklären. Dabei ist charakteristisch für die von Blobel und Mitarbeitern formulierte Signalhypothese, daß die Signale von Proteinen wahrgenommen werden, so daß die Transmembran-Anordnung primär durch Protein/Protein und nicht Lipid/Protein-Wechselwirkungen gesteuert wird.

Diesem co-translationalen Modell stehen physikalische Analysen gegenüber, die zeigen, daß sich ein Protein auch ohne Mithilfe fremder Proteine durch Lipid/Protein-Wechselwirkungen durch die Membran hindurch verteilen kann, wenn erst einmal die unpolare Signalsequenz in die Membran eingelagert ist.

Für diesen thermodynamisch durch Lipid/Protein-Wechselwirkungen gesteuerten Mechanismus sind die Hydrophobizitätswerte von Tabelle 6 und die Modellrechnung von S. 51 ff von Bedeutung. In Bakterien ist bisher kein SRP-Partikel gefunden worden, obwohl es hier viele sekretierte und Membran-gebundene Proteine gibt, und zudem Signalsequenzen bei der Biosynthese dieser Proteine ebenso häufig auftreten wie im Säuger. Eine weitere Tatsache, die mit der obigen Signalhypothese schwer zu erklären ist, besteht in dem post-translationalen Membraneinbau von integralen Proteinen. Dies wurde besonders gründlich für das unpolare Protein des Phagen M13 von E. coli untersucht, aber auch in höheren Zellen scheinen die Kern-codierten Membranproteine von Mitochondrien und Chloroplasten häufig posttranslational aus dem Cytoplasma in die Organellen einwandern.

Im Zusammenhang mit den posttranslationalen Membraneinlagerungen muß auch die Technik der Rekonstitution von solubilisierten Membranproteinen erwähnt werden. Hier handelt es sich offensichtlich um Self-assembly-Prozesse, die auf Lipid/Protein-Wechselwirkungen beruhen. Häufig benötigt man nur das homogene Protein und ein chemisch definiertes Phospholipid, um komplexe Transmembran-Funktionen zu rekonstituieren (s.S. 92 ff). So gelingt es z.B., das in SDS oder in angesäuertem organischen Lösungsmittel denaturierte Bakteriorhodopsin wieder in Lipidphasen zu rekonstituieren.

7. Biologischer Transport

Unterscheidung von passivem, erleichtertem und aktivem Transport

Transport oder Permeation bezeichnet die Diffusion einer Substanz von einem Kompartment in ein anderes Kompartment, z.B. von einer wäßrigen Außenlösung in eine Zelle oder in ein Liposom. In den klassischen Versuchen, die Overton um 1899 an Pflanzenzellen durchgeführt hat, wurden Substanzen um so besser aufgenommen, je unpolarer sie waren. Dies führt zum Postulat einer die Zelle abgrenzenden Lipidschicht (heute: Plasmamembran). Außerdem wurde schon damals erkannt, daß die Geschwindigkeit der passiven Permeation mit zunehmendem Molgewicht der Substanz abnahm. Dies wurde mit dem heute noch populären Konzept von Membran-Poren mit Molekularsieb-Wirkung erklärt.

Der passive, d.h. nicht katalysierte Transport gehorcht im einfachsten Fall dem ersten Fick'schen Gesetz. Die Transportgeschwindigkeit (v_t), ausgedrückt z.B. als nmol Aufnahme pro Zeiteinheit, ist direkt proportional dem Konzentrationsgradienten

$$(\text{z.B. } \frac{\text{Konzentration der Substanz außen}}{\text{Konzentration der Substanz innen}}).$$

In der Regel besitzen Zellen jedoch Proteine oder Peptide, die den Transport von biologischen Molekülen beschleunigen, also v_t katalytisch erhöhen. Bei optisch aktiven Substanzen beobachtet man in diesem Fall oft - aber keineswegs immer - eine Stereospezifität, z.B. werden D-Glukose und L-Aminosäuren in der Regel viel schneller von Zellen aufgenommen als die unphysiologischen Enantiomeren (L-Glukose und die D-Aminosäuren). Auf solche erleichterten Transportvorgänge läßt sich die aus der Enzymkinetik bekannte Michaelis-Menten-Theorie anwenden. Bei der Auftragung der Transportgeschwindigkeit v_t gegen die Substratkonzentration [S] erhält man eine hyperbolische Kurve. Im

Plateaubereich der Kurve ist der Transportkatalysator gesättigt, und man erhält die maximale Transportgeschwindigkeit, V_t. Definitionsgemäß ist die Substratkonzentration, bei der V_t / 2 erreicht ist, gleich der Michaelis-Konstanten des Transports, K_t. Der K_t-Wert steht in Beziehung zur Affinität des Substrats zum Katalysatormolekül. Der passive Transport zeigt wegen der Gültigkeit des 1. Fick'schen Gesetzes keine Sättigung und daher existiert hier auch kein K_t-Wert. In der Enzymkinetik darf man nur die Anfangsgeschwindigkeiten nach Michaelis-Menten auftragen. Bei der kinetischen Behandlung von Transportprozessen muß man diese Vorbedingung besonders beachten, da sich sonst der Aufnahme der Substanz (= Influx) ein Rückstrom (= Efflux) überlagert. Im Gleichgewicht sind die Geschwindigkeiten von Influx und Efflux genau gleich. Beim aktiven Transport werden Substanzen angehäuft, so daß $c_{innen} > c_{außen}$ wird. Für die aufzuwendende Freie Energie gilt die Nernst'sche Gleichung.

$$\Delta G_t = - RT \ln \frac{c_{außen}}{c_{innen}}, \text{ oder (bei } 25^{o}C), \ \Delta G_t = - 1363 \log \frac{c_{außen}}{c_{innen}}.$$

Für eine 100-fache Konzentrierung bei 25°C sind nach dieser Gleichung 2,7 kcal/Mol Substanz nötig. Diese Energie wird durch die Kopplung des Transportvorgangs mit Energiequellen bereitgestellt, z.B. können H^+ - oder Na^+ - Gradienten abgebaut werden oder es wird direkt ATP verbraucht. Beim Nachweis von aktivem Transport muß auf thermodynamisch ideale Bedingungen extrapoliert werden, da in die obige Gleichung eigentlich die Aktivitäten statt der Konzentrationswerte einzusetzen sind. Ferner muß eine chemische Veränderung des Transportsubstrats, z.B. durch Metabolisierung in der Zelle, ausgeschlossen werden. Eine intrazelluläre Hydrolyse, Phosphorylierung oder Oxidation kann bei einem erleichterten Transport von z.B. Zuckern oder Nukleosiden leicht einen aktiven Transport vortäuschen, besonders wenn die Substrataufnahme nur durch radioaktive Markierung verfolgt wird.

Meßmethoden

Die Aufnahme von Substanzen kann zunächst einmal durch osmotische Effekte verfolgt werden. Wenn z.B. Erythrozyten, Mitochondrien oder Liposomen in konzentrierte Glycerinlösung gebracht werden, geben sie Wasser ab und schrumpfen, um dann mit dem passiven Einstrom an Glycerin und seinem Hydratwasser wieder größer zu werden (zu quellen). Solche osmotischen Phänomene wurden schon um 1880 von Pfeffer beobachtet und als Hinweis auf die Existenz von semipermeablen Zellbegrenzungen gedeutet. Osmotische Effekte sind die Grundlage einer klassischen, aber auch heute noch verwendeten Meßmethode, die darauf basiert, daß die Lichtstreuung von Teilchen von ihrer Größe abhängt. Dadurch lassen sich Quellungs- oder Schrumpfungskinetiken an Zellen oder Proteoliposomen in einer Küvette verfolgen. Man bestimmt die Absorption bei z.B. 45o nm. Innerhalb gewisser Grenzen ist die Transportgeschwindigkeit, v_t, proportional zu [d (1/Absorption bei 45o nm) / dt].

Es ist jedoch empfindlicher, die Menge aufgenommener Substanz direkt zu bestimmen, z.B. durch die Lichtabsorption oder die Fluoreszenz der Substanz oder - wie heute meist üblich - durch eine radiochemische Markierung.

In bestimmten Zeitabschnitten werden die Zellen oder Vesikel vom Außenmedium getrennt, z.B. durch Zentrifugation oder eine Filtration (z.B. Cellulosenitrat-Filter von o.1 bis 1 μ Porenweite).

Bei einer Black-Lipid-Membran (BLM, s.S. 44) läßt sich der Transport von Elektrolyten in einfacher Weise durch Leitfähigkeitsmessungen verfolgen. Aus Spannung und Stromfluß ergibt sich nach dem Ohm'schen Gesetz der elektrische Widerstand, der wiederum umgekehrt proportional zur Leitfähigkeit ist. Bei elektrischen Relaxationsmessungen kann man nach einem schnellen Spannungsstoß aus der Zeitkurve für die Wiedereinstellung des Gleichgewichts sogar Einzelheiten des Transportmechanismus im μsec-Bereich ermitteln.

Allgemeiner Mechanismus der passiven Permeation

Die passive Permeation eines Moleküls durch eine Lipid-Doppelschicht läßt sich in die folgenden Teilschritte zerlegen:

1. die Diffusion durch das wäßrige Außenmedium an die Lipid/Wasser-Grenzfläche,
2. den Durchtritt durch den Bereich der polaren Gruppen in den Fettsäure-Bereich,
3. den schrittweisen Durchtritt durch den Fettsäurebereich,
4. die Umkehrung von Schritt 2,
5. die Umkehrung von Schritt 1.

Overton hatte schon 1899 einen allgemeinen Zusammenhang zwischen der Lipophilie und der passiven Permeationsrate beschrieben. Heute existieren viel genauere Untersuchungen. Zum Beispiel konnte man mit Hilfe von Arrhenius-Diagrammen die Aktivierungsenergien der passiven Permeation von Substanzen mit stufenweise zunehmender Polarität untersuchen (Äthylenglykol, Glycerin und Erythrit mit 2, 3, bzw. 4

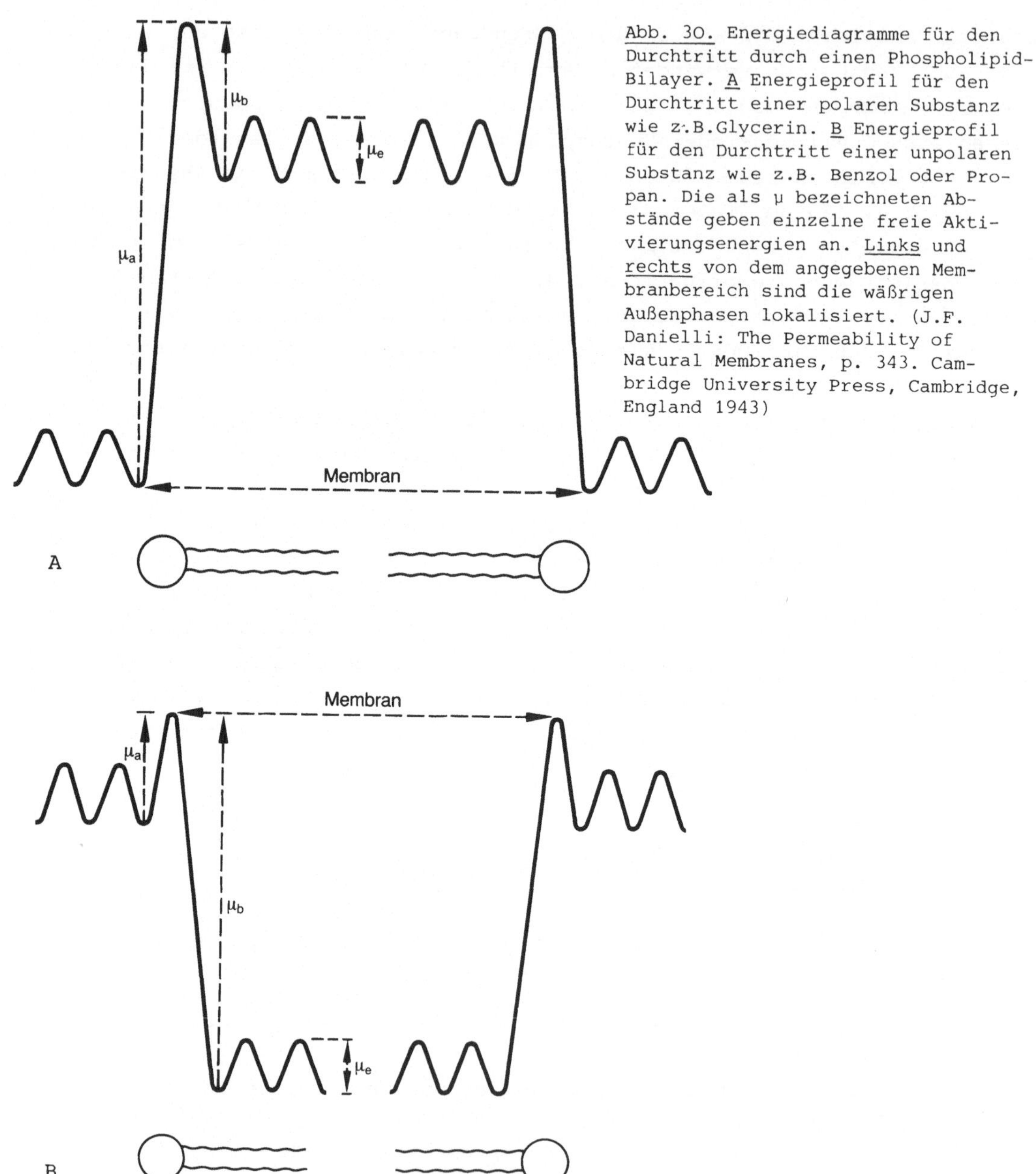

Abb. 30. Energiediagramme für den Durchtritt durch einen Phospholipid-Bilayer. A Energieprofil für den Durchtritt einer polaren Substanz wie z.B.Glycerin. B Energieprofil für den Durchtritt einer unpolaren Substanz wie z.B. Benzol oder Propan. Die als μ bezeichneten Abstände geben einzelne freie Aktivierungsenergien an. Links und rechts von dem angegebenen Membranbereich sind die wäßrigen Außenphasen lokalisiert. (J.F. Danielli: The Permeability of Natural Membranes, p. 343. Cambridge University Press, Cambridge, England 1943)

polaren Alkoholfunktionen). Die Aktivierungsenergien stiegen stufenweise mit je etwa 3,5 kcal/Mol an. Da die Hydratisierungsenergie einer aliphatischen Hydroxylgruppe etwa 5 kcal/Mol beträgt, war die Schlußfolgerung dieser Versuche, daß die passive Permeation polarer Moleküle ein weitgehendes Abstreifen der Hydrathülle erfordert, daß die Moleküle also "nackt" über den Fettsäurebereich der Lipid-Doppelschicht diffundieren. Dieser Sachverhalt ist in den in Abb. 30 gezeigten, bereits im Jahre 1943 von Danielli formulierten Energieprofilen verarbeitet. Polare Substanzen (z.B. Zucker, Aminosäuren, Ionen) befinden sich in Wasser auf einem niedrigen Energieniveau, der Durchtritt durch die polaren Gruppen (Schritt 2 von oben) erfordert hohe Aktivierungsenergie, und auch der schrittweise Durchtritt durch den Fettsäurebereich geschieht auf hohem Energieniveau (Abb. 3o). Hier sind offenbar die Schritte 2/4 und 3 geschwindigkeitsbestimmend, da die Dehydratisierungsenergie aufgebracht werden muß. Bei sehr lipophilen Substanzen (z.B. Octan oder unpolare Insektizide wie das DDT) ist die Lage anders. Diese unpolaren Substanzen werden sich aus Wasser mit nur geringer Aktivierungsenergie in den Fettsäurebereich verteilen und dann kaum eine Tendenz zeigen, wieder in die Wasserphase auszutreten (Abb. 3ob).

Bei den Extremfällen der passiven Permeation ist entscheidend, daß die Substanzen überhaupt in den Fettsäurebereich hineinkommen, obwohl die Fettsäureketten zur Maximierung der Van der Waals'schen Wechselwirkungen eine Tendenz zur möglichst dichten Packung besitzen. Ein nützliches Konzept hierzu ist das der Kinken (Abb. 31). Oberhalb T_c gehen die C-C- und C-H-Bindungen der flüssig-kristallinen Lipidphase Rotations- und Schwingungsbewegungen ein. Drehung der C-C-Bindungen von der trans- in die gauche-Konformation führt zu der kurzzeitigen lokalen Bildung von Hohlräumen, die als Kinken bezeichnet werden. In die Kinken oder in Kombinationen mehrerer Kinken können sich Fremdsubstanzen einlagern. Wegen der viel höheren Bewegungsfreiheitsgrade der Fettsäureenden im Vergleich zu dem Fettsäurebereich an den polaren Gruppen (Fluiditätsgradient) besitzen die in der Nähe der Lipid/Wasser-Grenzfläche gebildeten Kinken eine Tendenz, in die Mitte der Lipiddoppelschicht zu wandern. Von dort können dann die eingeschlossenen Moleküle in Kinkenbereiche der gegenüberliegenden Membranhälfte eintreten und weitertransportiert werden. Kleine hydrophile

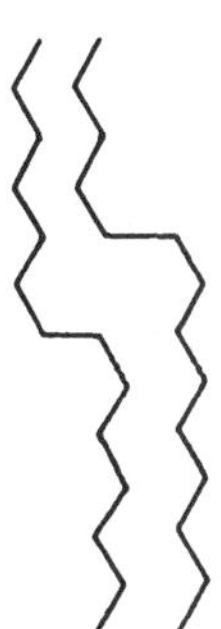

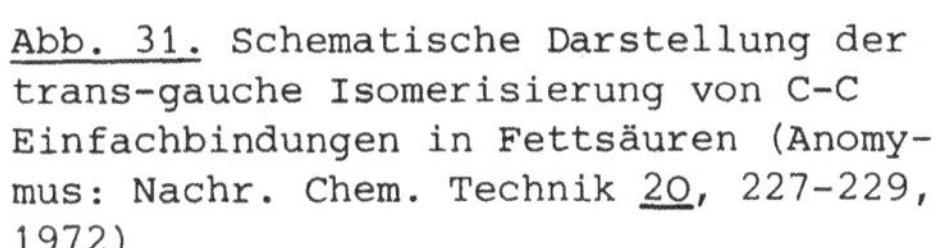
Abb. 31. Schematische Darstellung der trans-gauche Isomerisierung von C-C Einfachbindungen in Fettsäuren (Anomymus: Nachr. Chem. Technik 20, 227-229, 1972)

Moleküle (Wasser, Harnstoff) passen gut in solche Kinken. Berechnungen zeigen, daß etwa die Hälfte aller Kinken eines Lecithin-Bilayers ein Wasserstoffmolekül enthält und daß oberhalb T_C etwa 1o-mal mehr Kinken vorliegen als unterhalb T_C. Das Innere von Lipidmembranen ist danach also nicht wasserfrei. Dies wird durch ältere Löslichkeitsbestimmungen bestätigt. Selbst reines Hexadecan nimmt bei 25°C etwa 1 mMol Wasser pro Liter auf!

Die Wanderungsgeschwindigkeit der Kinken hängt stark von der Temperatur und von Membranstörstellen, z.B. cis-Doppelbindungen oder Cyclopropan-Ringen der Fettsäuren ab. Für kleine Moleküle wie Wasser läßt sich die Wanderung der gefüllten Kinken berechnen. Sie stimmt gut mit den gemessenen passiven Permeationsraten von Wasser überein. Bei größeren Molekülen sind bestimmte Kombinationen von Kinken für den Transport durch die Membran nötig. Hier sind Berechnungen schwieriger, qualitativ kann man sich den Einfluß der zur Kinken-Bildung führenden Fluidität der Membran an dem später (S. 72) gezeigten Arrhenius-Diagramm für die Permeation von Valinomycin klarmachen.

Ionophore als Katalysatoren der erleichterten Permeation

Zwei prinzipielle Wege der Transportkatalyse lassen sich an dem Kationen-Transport durch Ionophore erläutern. Das Valinomycin wirkt als mobiler Carrier, während das Gramicidin eine Pore durch die Membran bildet. Die chemischen Strukturen dieser Ionophore sind in der Abb. 32 wiedergegeben. Diese Verbindungen besitzen antibiotische Aktivität. Da sie aber auch im Säugetier zum Konzentrationsausgleich von Ionengradienten führen, sind sie sehr toxisch und medizinisch nicht einsetzbar. Das Valinomycin ist ein unpolares zyklisches Molekül, das abwechselnd Peptid- und Lactonbindungen enthält (sogenannte Depsipeptidstruktur). Das Gramicidin A ist ein hydrophobes lineares Peptid mit einer N-terminalen Formyl- und einer C-terminalen Äthanolamin-Gruppe. Wegen ihrer extrem niedrigen Wasserlöslichkeit werden diese Ionophore in Konzentrationen im µmolar-Bereich oder darunter eingesetzt. Valinomycin bildet in organischen Lösungsmitteln Komplexe mit K^+ und Na^+, wobei der K^+-Komplex etwa $1o^4$-mal stabiler ist. Bei Gramicidin lassen sich jedoch keine Komplexe mit Alkali-Ionen nachweisen.

Als weiteren Unterschied zum Valinomycin transportiert das Gramicidin außer K^+ auch H+, Li+ und Na+, nicht aber das größere Cholin-

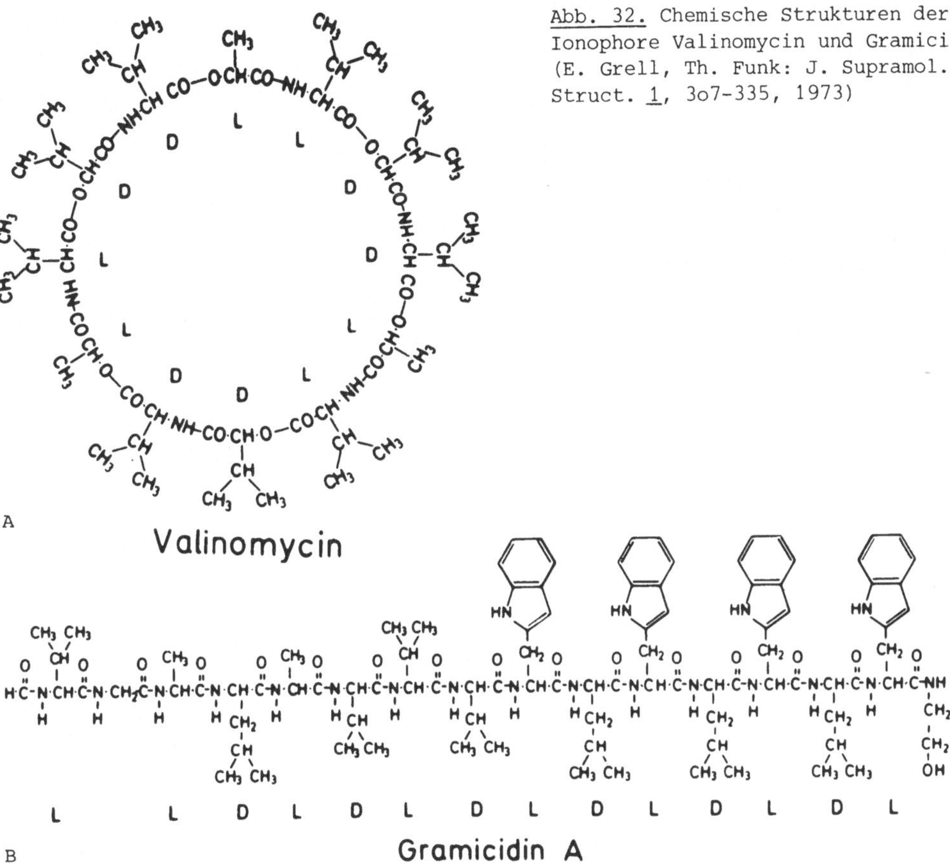

Abb. 32. Chemische Strukturen der Ionophore Valinomycin und Gramicidin. (E. Grell, Th. Funk: J. Supramol. Struct. 1, 3o7-335, 1973)

Kation. Bei der Bindung von K^+ in den Hohlraum des Valinomycins (s. Abb. 32) wird in einem schrittweisen und kooperativen Prozeß die Hydrathülle des K^+ abgebaut und durch Bindungen an die freien Elektronenpaare von 6 Carbonylgruppen ersetzt. Dies ist energetisch sinnvoll, da die hohe gesamte Dehydratisierungsenergie so in Einzelpakete zerlegt wird. Der resultierende, nach außen hin unpolare K^+/Valinomycin-Komplex paßt von der Größe (etwa 8x4 Å) her gerade in ein Kinkenpaar.

Valinomycin ist in einem "gefrorenen" Bilayer (d.h. unterhalb T_c) kaum noch aktiv, während das Gramicidin kaum beeinflußt wird. Dies ist in Abb. 33 für das Gramicidin und das dem Valinomycin ähnliche Nonactin gezeigt. Die Arrhenius-Diagramme für die Leitfähigkeit an einer Black-Lipid-Membran mit T_c etwa $41^{\circ}C$ sind wiedergegeben.

Allgemein wird in einer Arrhenius-Auftragung der Logarithmus der gemessenen Größe (z.B. Leitfähigkeit oder Reaktionsgeschwindigkeit eines Enzyms) gegen den Kehrwert der absoluten Temperatur T_c (in Kelvin) aufgetragen. Die Meßpunkte liegen normalerweise auf einer

Abb. 33. Einfluß der Temperatur auf den erleichterten Transport von K^+ Ionen durch Gramicidin (- - -) und Nonactin (———). Der Logarithmus der Leitfähigkeit (ohm^{-1} x cm^{-2}) ist gegen den Kehrwert der absoluten Temperatur (<u>untere Skala</u>) und die Temperatur in °C (<u>obere Skala</u>) aufgetragen. Der T_c-Wert von etwa 41 °C ist durch die <u>senkrechte</u> Linie markiert. Die von Nonactin und Valinomycin (nicht gezeigt) unterhalb T_c erreichte Leitfähigkeit entsprach dem Wert, der ohne Ionophor - Zugabe über den gesamten Temperaturbereich beobachtet wurde. (B. Gomperts: The Plasma Membrane. Models for Structure and Function; p 134. Academic Press, New York 1977. Gezeichnet nach Originaldaten von S. Krasne et al.: Science <u>174</u>, 412-415, 1969)

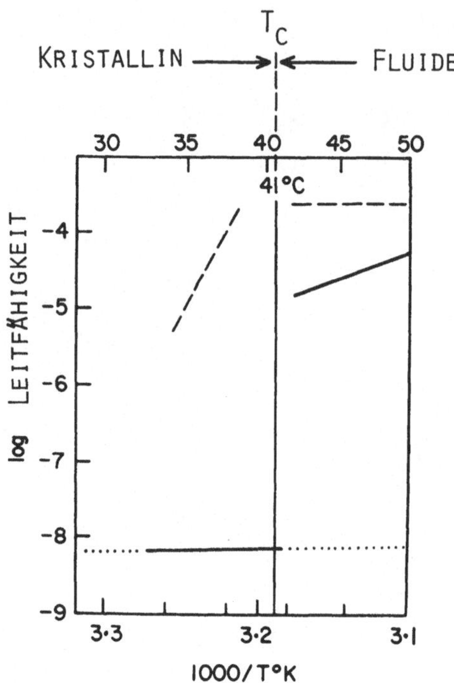

Geraden, aus deren Steigung die Arrhenius-Aktivierungsenergie (E_a) der Reaktion nach der folgenden Gleichung berechnet wird (R ist die Gaskonstante, 1,987 cal mol^{-1} K^{-1}):

$$d\ (\log v_t) = - \frac{E_a}{2,3\ R} \cdot d\ (^1/_T).$$

(v_t= Transport- oder Enzymgeschwindigkeit).

Die mit Gramicidin gemessene Leitfähigkeit fiel unterhalb des T_c-Wertes der verwendeten Black-Lipid-Membran kaum ab, während das Nonactin und das Valinomycin (nicht gezeigt) praktisch inaktiviert wurden. Dieser drastische Unterschied der beiden Ionophore weist auf die beiden prinzipiell verschiedenen Transportmechanismen hin. Das Valinomycin bildet an der Lipid/Wasser-Grenzfläche (nicht in der Wasserphase!) einen nach außen hin unpolaren K^+-Komplex, der dann als mobiler Carrier über die Membran diffundiert, um an der gegenüberliegenden Lipid/Wasser-Grenzfläche wieder zu dissoziieren. Dabei sind die Schritte 2/4 und 3 von S. 67 in gleicher Weise geschwindigkeitsbestimmend, wie elektrische Relaxationsmessungen ergeben haben. Die Lipid/Wasser-Grenzflächen und der Fettsäurebereich der Lipidmembran wirken also gleichermaßen als Transportbarrieren. Die Turnover-Zahl des Valinomycins ist etwa $1o^4$/sec.

Das Gramicidin bildet durch Kopf-Kopf-Dimerisierung (der beiden N-terminalen Enden) einen helicalen Transmembran-Kanal (Abb. 34). Die Kationen können von C = O zu C = O Gruppe durch diese Pore - die auch etwa 5-1o Wassermoleküle enthält - diffundieren, ohne definierte

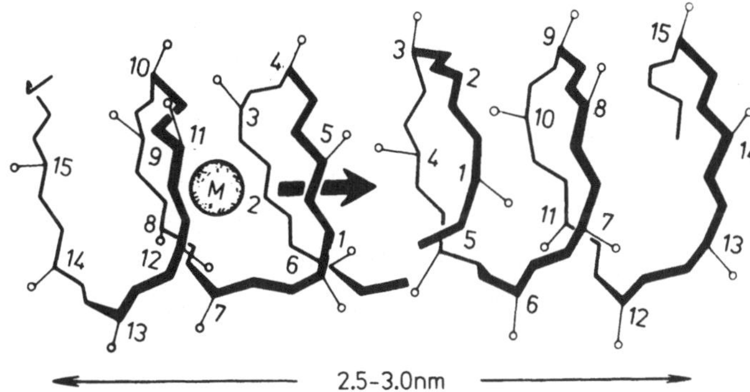

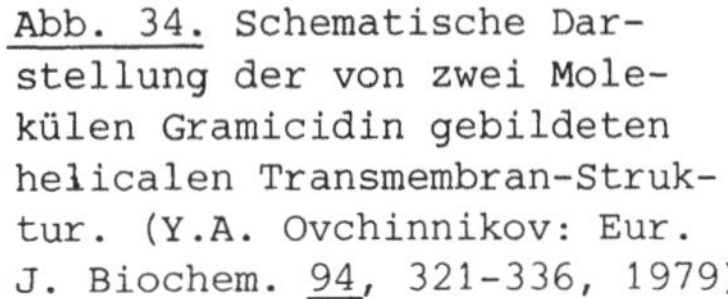
Abb. 34. Schematische Darstellung der von zwei Molekülen Gramicidin gebildeten helicalen Transmembran-Struktur. (Y.A. Ovchinnikov: Eur. J. Biochem. 94, 321-336, 1979)

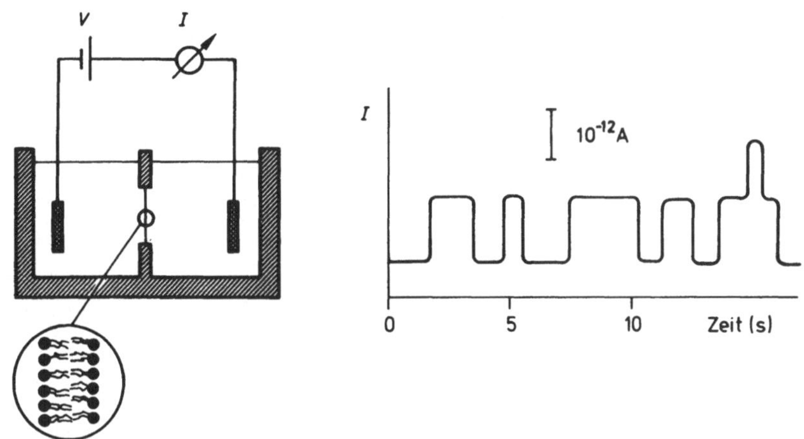

Abb. 35. Nachweis einzelner Gramicidin-Poren durch Leitfähigkeitsmessung an einer BLM-Membran. Im linken Teil ist die Meßapparatur skizziert. Das rechte Teilbild zeigt Stromfluktuationen, die durch Bildung und Zerfall einzelner Gramicidinporen verursacht sind. Für den gezeigten Versuch in 1 M NaCl und einer angelegten Spannung von 1oo mVolt ließ sich berechnen, daß $1o^7$ Na^+-Ionen durch eine Gramicidinpore treten konnten. (G. Adam, P. Läuger, G. Stark: Physikalische Chemie und Biophysik, S. 297, Springer-Verlag, Berlin Heidelberg New York 1977)

Komplexe mit Gramicidin zu bilden. Dabei läßt sich die Bildung und der Zerfall der dimeren Gramicidin-Kanäle direkt nachweisen (Abb. 35). Die Turnover-Zahl des Gramicidins beträgt etwa $1o^7$/sec.

Die obige Unterscheidung von mobilem Carrier und Pore wurde auf Grund der Arrhenius-Auftragungen auch häufig auf biologische Transportsysteme von Bakterien und höheren Zellen ausgedehnt. Inzwischen ist jedoch klar, daß auch bekannte biologische Poren-Transportsysteme (z.B. der F_o-Teil der ATPase als H^+-Pore) und zahlreiche nichtvektorielle Membranenzyme geknickte Arrhenius-Kurven ergeben. Außerdem sind alle bisher genauer untersuchten biologischen Transportproteine Transmembranproteine, die schon wegen ihrer Größe und aus energetischen Gründen nicht wie das Valinomycin als freie mobile Carrier durch die Membran diffundieren können.

Neben dem Valionomycin und dem Gramicidin wird eine Vielzahl weiterer Ionophore in der Membranbiochemie eingesetzt. Das Nonactin ist ein ringförmiger Polyester (Molgewicht 736), der K^+, aber auch Na^+ transportiert. Diese Ionen werden auch durch das Nigericin transportiert. Das Nigericin kann als langgestreckte Carbonsäure ein Proton abgeben und bildet im Gegensatz zu Valinomycin und Nonactin Alkali-Komplexe ohne eine Nettoladung.

Das Fliegenpilz-Toxin Antamanid ist ein unpolares zyklisches Decapeptid, das als Ionophor für Na^+ wirkt. Das Alamethicin ist ein zyklisches Polypeptid aus 18 Aminosäuren. Sechs bis zehn Einzelmoleküle lagern sich zu komplizierten Poren mit breiter Kationen-Selektivität zusammen. Die Porenbildung und Leitfähigkeit hängt dabei vom angelegten Membranpotential ab, so daß diese Poren als Modelle für die Na^+ und K^+ Kanäle von Nervenzellen untersucht werden (s.S. 9o). Ionophore für Ca^{2+}-Ionen werden wegen der großen physiologischen Bedeutung von Ca^{2+} häufig eingesetzt. Als ein Beispiel für ein Ca^{2+}-Ionophor ist in Abb. 36 das sog. A-23187 gezeigt. Man kann auch "maßgeschneiderte" Ionophore durch chemische Synthese herstellen. Durch Variation der Größe des "Hohlraums" und durch Einbau von Äther-Sauerstoffen oder Stickstoffatomen läßt sich die Selektivität des Ionophors bestimmen. Eine Serie solcher künstlichen Ionophore ist unter der Bezeichnung Kronen-Äther bekannt.

Die Beteiligung von Ionophoren an biologischen Transportprozessen wird immer wieder diskutiert. Ein gut untersuchtes Beispiel für eine solche Beteiligung ist der Fe^{3+}-Transport bei <u>Escherichia coli</u> und <u>Salmonella</u>. Der hier beteiligte Fe^{3+}-Ionophor Enterobactin (Abb.

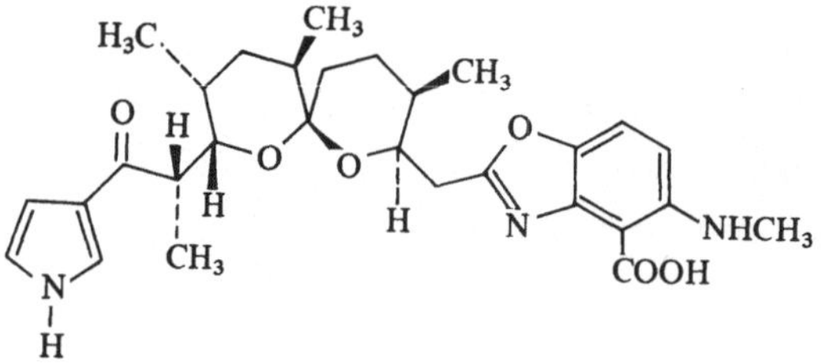

a

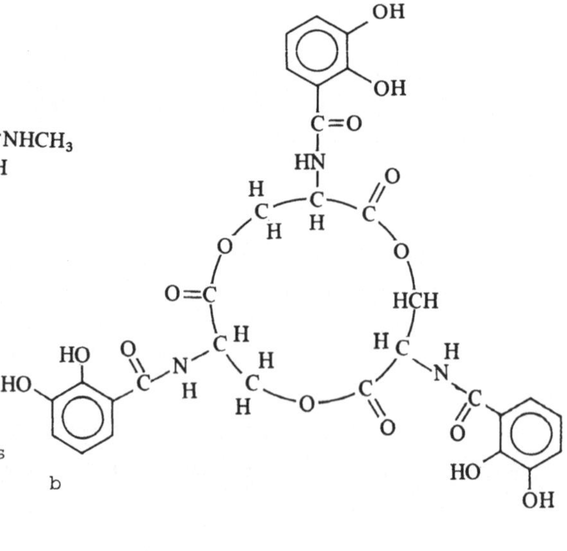

b

Abb. 36 a,b. Chemische Strukturen des Ca^{2+}-Ionophors, A-23187 (a) und des Fe^{3+}-Ionophors, Enterobactin (b)

36) soll die ungewöhnlich hohe Bindungskonstante von 10^{52} besitzen. Dies kann die äußerst wirksame Eisenaufnahme der Enterobakterien erklären. Die Dissoziation ist an die Reduktion des Fe^{3+} zum Fe^{2+} Komplex gebunden, da die enorm hohe Bindungskonstante sonst keine Dissoziation zulassen würde.

Abschließend ist zu erwähnen, daß viele der später besprochenen Entkoppler (s.S. 1o4) als H^+-Ionophore anzusehen sind.

Bakterielle Transportsysteme

In Bakterien sind erleichterte Transportvorgänge charakteristisch für die äußere Membran Gram-negativer Bakterien, während für die cytoplasmatische Membran Gram-negativer und Gram-positiver Bakterien überwiegend aktive Transportsysteme bekannt sind. Beide Arten des Transports sollen in eigenen Abschnitten besprochen werden.

Erleichterter Transport durch die äußere Membran

Die äußere Membran Gram-negativer Bakterien enthält außer Phospholipiden und dem Lipopolysaccharid nur wenige Hauptproteine, wie in Abb. 37 schematisch dargestellt ist.

Neben unspezifischen und spezifischen Porinproteinen ist besonders das Braun'sche Lipoprotein zu erwähnen. Es ist über ein an einen Cystein-Rest gebundenes Diglycerid in der Membran verankert und ist zum Teil kovalent an das Murein gebunden. Das Molgewicht dieses Proteins ist nur etwa 1o ooo. Die unspezifischen Porinproteine besitzen

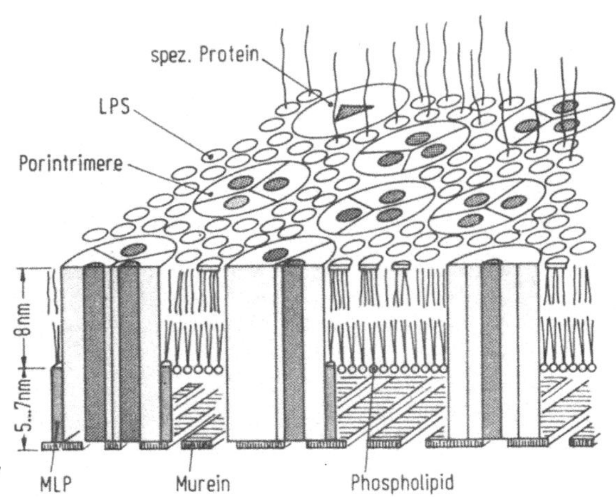

Abb. 37. Schematische Darstellung der äußeren Membran von *Escherichia coli* und *Salmonella*. LPS Lipopolysaccharid; MLP Murein-Lipoprotein (Braun'sches Lipoprotein). H. Nikaido: Angew. Chem. 91, 394-4o7, 1979

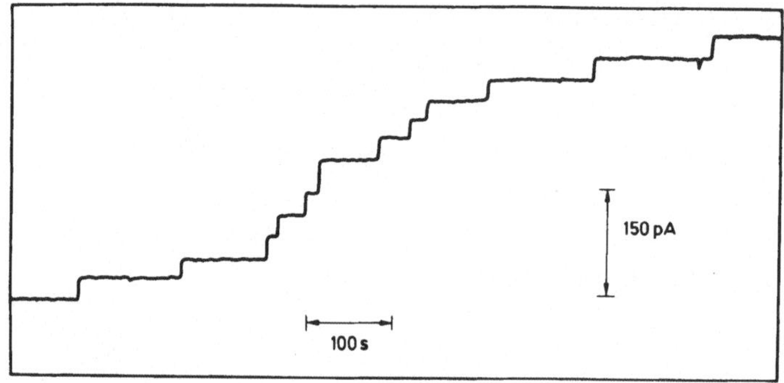

Abb. 38. Stufenweise Zunahme der Leitfähigkeit einer BLM-Membran nach Zusatz von Porinprotein aus Pseudomonas aeruginosa. Die Membran war mit einer Lösung von 1 Gew. % Ei-Lecithin in Decan hergestellt worden. Die zugegebene Proteinmenge war 5 ng/ml. Die wäßrigen Phasen enthielten 1oo mM NaCl, und die an gelegte Spannung betrug 5o mVolt. Die Pfeile geben die Zeit 1oo sec und den Stromfluß von 15o pico-Ampere an. (R.E.W. Hancock, R. Benz: Biochim. Biophys. Acta 646, 298-3o8, 1981)

monomere Molgewichte um 35 ooo. Diese Proteine liegen als Trimere vor und bilden Poren für Substanzen unterhalb eines Molgewichts von etwa 1ooo (Nährstoffe, Ionen, Antibiotika usw.). Diese Poren können mit den in SDS gereinigten Proteinen, die als Trimere vorliegen müssen, in Proteoliposomen und auch in BLM-Filmen rekonstituiert werden. An einem Beispiel ist in Abb. 38 gezeigt, daß die Leitfähigkeit nach der Zugabe von Porinprotein zu einer BLM-Membran stufenweise zunimmt, ohne daß Abwärtsstufen wie im Fall von Gramicidin (s. Abb. 35) auftreten. Die Lebenszeit der Porin-Poren ist offenbar wesentlich länger als die der Gramicidin-Poren. Der Transport durch Porin-Poren besitzt im allgemeinen keine Stereo- oder Ionenspezifität. Spezielle Porenproteine mit selektiv erleichterter Transportfähigkeit sind jedoch auch bekannt.

So läßt das Rezeptorprotein für den Phagen Lambda (Molgewicht etwa 47 ooo) vorzugsweise Maltose und höhere Maltodextrine passieren. Andere Proteine bevorzugen Substanzen wie das Vitamin B_{12} oder Komplexe von Fe^{3+} mit spezifischen in das Medium ausgeschiedenen Komplexbildnern, z.B. dem Enterobactin (vgl. Abb. 36). Die äußere Membran von Mitochondrien enthält ebenfalls ein Porinprotein, das in Molgewicht und Transporteigenschaften sehr den bakteriellen Porinproteinen ähnelt.

Transportsysteme der cytoplasmatischen Membran

Eine Übersicht über die wichtigsten Arten des Transports bei Escherichia coli wird in der Tabelle 8 gegeben. E. coli ist der für Transportuntersuchungen bevorzugte Organismus, da hier die Genetik besonders gut ausgearbeitet ist. Beispielsweise katalysieren fünf verschiedene Transportsysteme die Aufnahme von D-Galactose, sodaß man nur mit geeigneten Mutanten jedes dieser Systeme getrennt untersuchen kann. Die Transportsysteme anderer Bakterien lassen sich ebenfalls den in der Tabelle 8 aufgeführten Arten des Transports zuordnen. Aber es gibt zahlreiche wichtige Unterschiede. So besitzen Gram-positive Bakterien keinen periplasmatischen Raum und keine periplasmatischen Bindungsproteine. Als periplasmatischen Raum bezeichnet man den Raum zwischen cytoplasmatischer Membran und Murein (bzw. äußerer Membran) bei Gram-negativen Bakterien.

Lactose wird von E. coli in unveränderter Form aktiv transportiert. Staphylococcus-Arten nehmen Lactose jedoch mit Hilfe eines PEP-Transferase-Systems (s.u.) als Lactose-6-Phosphat auf. Eine ungewöhnliche 6-Phospho-β-Galactosidase (statt der normalen β-Galactosidase wie in E. coli) leitet dann die Metabolisierung der aufgenommenen Lactose ein.

Tabelle 8. Transportsystem der cytoplasmatischen Membran von Escherichia coli

Art des Transports	Beispiel	Nachweis in Kaback-Vesikeln (s.S. 7)
Erleichterte Diffusion	Glycerin	+
Aktiver Transport ohne chemische Veränderung des Substrats	Lactose	+
	Prolin	+
dito, mit obligater Beteiligung eines periplasmatischen Bindungsproteins	D-Galactose	-
	Histidin	-
	Maltose	-
Aktiver Transport mit obligater Phosphorylierung (=Gruppentranslokation, = PEP-Transferase Systeme, = PTS)	D-Glukose	+
	D-Mannose	+
	D-Fruktose	+

Zur experimentellen Methodik

An Suspensionen von intakten Bakterienzellen oder Kaback-Vesikeln (s.S. 7) läßt sich Transport allgemein durch Inkubation mit radioaktiv markiertem Substrat und anschließender Filtration durch Membranfilter von ca. o,45 μ Porenweite verfolgen. Wenn man die aufgenommene Radioaktivität in Abhängigkeit von der Inkubationsdauer bestimmt, erhält man im allgemeinen eine hyperbolische Kurve. Die Anfangsgeschwindigkeit (Tangente durch den Nullpunkt) gibt den Influx (= Aufnahme) an, während im Plateau-Bereich der Zeitkurve ein steady state mit Influx = Efflux erreicht ist. Nach Vorbeladen der Zellen oder Vesikel mit Substrat kann man mit der Filtertechnik eine Anfangsgeschwindigkeit für den Substrataustritt (= Efflux) messen. Aus der Abhängigkeit der Anfangsgeschwindigkeiten v_t von den Substratkonzentrationen lassen sich die maximalen Geschwindigkeiten V_t und die K_t-Werte für den Influx und den Efflux ermitteln (vgl. S. 65).

Da stets auch ein unspezifischer passiver Transport abläuft, sind Kontrollmessungen wichtig. Messungen in Anwesenheit eines Inhibitors (z.B. Substratanaloga oder -SH-Reagenzien wie N-Ethylmaleimid oder para-Chlormercuribenzoat = PCMB) sowie der Einsatz von Zellen oder Vesikeln aus Stämmen, die kein intaktes Transportgen besitzen, können eine Kontrolle für den nicht vom untersuchten Protein bewirkten Transport liefern. Der Zusatz von Entkopplern (z.B. 2,4-Dinitrobenzol oder FCCP, s.S. 91) ergibt Kontrollwerte für den nicht von der Energetisierung abhängigen Transport. Bei Kaback-Vesikeln erreicht man eine Energetisierung durch den Zusatz von D-Lactat, da das Membranenzym D-Lactat-Dehydrogenase ein Membranpotential $\Delta\mu_{H+}$ aufbaut (s.S. 1o2 ff).

Welche Transportleistungen kann man von Bakterien bzw. Vesikeln erwarten? $\Delta\mu_{H+}$ ergibt sich aus dem Protonengradienten

$(2{,}3\ R\ T \log \frac{c_{H+\ innen}}{c_{H+\ außen}} = 2{,}3\ RT \cdot \Delta pH)$ und dem elektrischen Membranpotential $\Delta\varphi$ (aus z.F. $\Delta\varphi$; hier ist z = Zahl der Ladungen pro Ion, F = Faraday Konstante = 23,o63 kcal/Moläquivalent, $\Delta\varphi$ = Potential in Volt).

Escherichia coli erreicht leicht ein ΔpH von 1 (außen sauer) und ein $\Delta\varphi$ von 1oo m Volt (innen negativ). Dann ist die verfügbare Freie Energie gleich der Summe von [2,3 RTx(-1)] = - 1364 cal/Mol und [1 x 23 o63 (-o,1] = - 23o6 cal/Mol, also gleich - 367o cal/Mol. Wenn diese Energie vollständig für die Aufnahme von Lactose zur Verfügung steht, ist

$$\Delta G_{Transport} = 2{,}3\ RT \log \frac{c_{Lactose\ innen}}{c_{Lactose\ außen}} = 367o\ cal/Mol.$$

Für das Innen/Außen-Konzentrationsverhältnis ergibt sich dann ein Wert von 49o. Die tatsächlich beobachteten Transportleistungen sind bis zu 1o-mol höher.

Aktiver Transport ohne chemische Veränderung

Bei der Bearbeitung des Lac Operons und seiner Induktion durch β-Galactoside entdeckten Rickenberg, Cohen und Monod 1955, daß das y-Gen des Lac Operons ein β-Galactosid Transportsystem codierte.

Dieses von ihnen als Permease bezeichnete System hatte Enzym-ähnliche Eigenschaften. Die Michaelis-Menten-Theorie war anwendbar. SH-Reagenzien führten zu einer vollständigen Hemmung. Der aktive Transport von β-Galactosiden wurde durch Entkoppler oder durch Azid gehemmt, die "vergiftete" Permease konnte aber weiterhin den erleichterten Transport katalysieren. Als Nachweis diente dabei die auch heute noch in der Mikrobiologie oft eingesetzte zelluläre Hydrolyse des β-Galactosids, O-Nitrophenyl-βD-galactopyranosid (= ONPG). Nach der erleichterten Diffusion in die Zellen wird dieses Zuckerderivat sofort durch die intrazelluläre β-Galactosidase gespalten und die Transportgeschwindigkeit läßt sich durch die Absorption des gelbgefärbten O-Nitrophenolats bei 42o nm mit einem einfachen Photometer messen. Das Lactose-Permease-System war damit das erste kinetisch gut verstandene Transportsystem, bei dem auch die genetische Zuordnung (zum y-Gen) gelang. Es war auch das erste Transportsystem, bei dem das katalytisch wirksame Membranprotein identifiziert werden konnte. Kennedy und Mitarbeiter konnten 1965-69 durch die Induktion des Lac Operons in Anwesenheit radioaktiver Aminosäuren (Pulsmarkierung) und durch eine indirekte Affinitätsmarkierung (Abb. 39) das y-Gen-Produkt als ein Protein vom Molgewicht 3o ooo in der Membranfraktion lokalisieren. Diese Identifizierung des Proteins war nur möglich, weil 1968/69 das Natrium Dodecylsulfat als bis heute wichtigstes Hilfsmittel für die Analytik von Membranproteinen eingeführt worden war.

Die erhaltenen SDS-Gelprofile und die bereits 1969 veröffentlichte Eichkurve sind in Abb. 39d gezeigt. Zehn Jahre nach den Pionierarbeiten von Kennedy und Mitarbeitern konnte das für die Permease codierende y-Gen kloniert und sequenziert werden. Dabei ergab sich ein Molekulargewicht von 46 5oo. Die Ursache für den viel niedrigeren Wert der in diesem Fall versagenden SDS-Gelelektrophorese ist bisher unbekannt. Das Transportprotein besitzt einen hohen Anteil unpolarer Aminosäuren. Aus der Primärsequenz kann man mehrere Transmembran-Bereiche vorhersagen (s.S. 51).

Bei dem aktiven Transport von Lactose wird ein Proton pro Lactose-Molekül mit aufgenommen (= Symport). Der H^+-Gradient der Zelle oder des Vesikels wird so an die Substrataufnahme angekoppelt. Genaue Messungen der Lactose-Aufnahme in Abhängigkeit vom Protonengradienten (ΔpH) und vom Membranpotential (Δφ) sind in Übereinstimmung mit der Chemiosmotischen Theorie von Mitchell (s.S. 1o3). Die Energetisierung der Membran kann zu einer Erhöhung der Affinität der Lactose-Permease führen, wie z.B. für die D-Lactose bekannt ist (über 1oo-fache Erniedrigung von K_D). Die Energetisierung kann aber bei unverändertem K_D oder K_t auch über Effekte auf V_t wirken. Andere Transporta

b

$R\text{-}SH$ + N-C_2H_5 (N-Äthylmaleimid) → S-R-Addukt (N-C_2H_5) $\xrightarrow{6N\,HCl}$ S-Succinyl-cystein

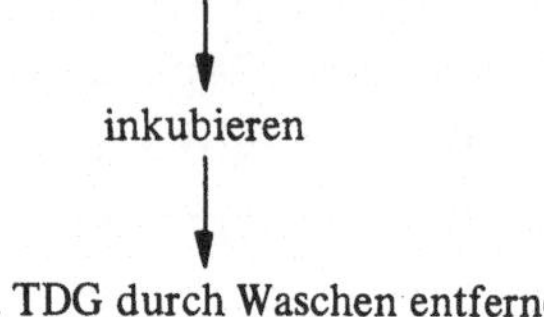

Membran ± TDG + NEM nicht-radioaktiv
↓
inkubieren
↓
NEM und TDG durch Waschen entfernen
↓
+ radioaktives NEM
↓
inkubieren
↓
radioaktives NEM durch Waschen entfernen
↓
Einbau an Radioaktivität bestimmen
↓
Membran in SDS-haltigem Puffer lösen
↓
Fraktionierung auf SDS-Gel

c

Abb. 39 a-d. Identifizierung des Lactose Permease Proteins (= M-Protein) durch indirekte Affinitätsmarkierung.
a Struktur des Hochaffinitätssubstrats, Thiodigalactosid (=TDG).
b Reaktion des SH-Reagens, N-Äthylmaleimid (=NEM) mit der SH-Gruppe von Cystein (R=Cystein im Proteinverband), sowie Nachweis der kovalenten Bindung durch Hydrolyse mit 6N HCl.
c Schematischer Arbeitsgang für die indirekte Affinitätsmarkierung. Bei der Vorbehandlung mit nicht-radioaktivem NEM werden alle SH-Gruppen der Membran bis auf die durch das TDG geschützte SH-Gruppe modifiziert. Diese SH-Gruppe wird dann nach dem Auswaschen des TDG mit radioaktiv markiertem NEM umgesetzt.
d SDS-Polyacrylamidgele (links) und Eichkurve (rechts) für den Nachweis des mit radioaktivem NEM markierten Transportproteins. Das Kontrollgel (links unten) wurde nach Fortlassen von TDG aus der unter c beschriebenen Prozedur, oder bei Einsatz eines y-minus Stammes von *E. coli* erhalten. (Modifiziert nach T.H.D. Jones, E.P. Kennedy: J. Biol. Chem. 244, 5981-5987, 1969)

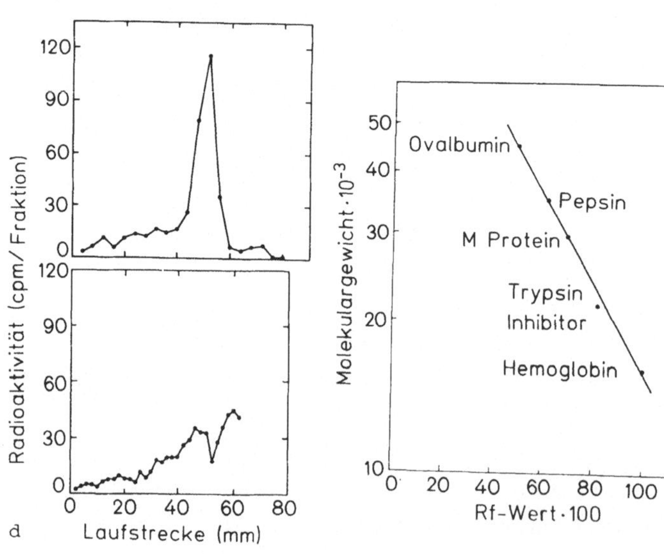

d

systeme, z.B. für das α-Galactosid, Melibiose oder für manche Aminosäuren, arbeiten mit einem Symport von Na^+ statt H^+. Der benötigte Na^+-Gradient kann z.B. durch Austausch von H^+ gegen Na^+ geschaffen werden (= ein Antiport-System).

Manche aktiven Transportsysteme sind von einem löslichen Bindungsprotein abhängig (s. Tab. 10). Diese Bindungsproteine lassen sich aus intakten Zellen nach der Methode von Heppel durch einen osmotischen Schock freisetzen, ohne daß die Zellen lysieren. So läßt sich prüfen, ob ein gegebenes Transportsystem von einem der periplasmatischen Bindungsproteine abhängt. Die selektiv freigesetzten Bindungsproteine lassen sich mit konventionellen Methoden hoch anreichern und sind in einigen Fällen auch kristallisiert worden. Der Mechanismus ihrer Beteiligung am Transport ist aber noch unklar, da z.B. der Zusatz der Bindungsproteine zu Kaback-Vesikeln - die die Membranproteine der Transportsysteme enthalten - nicht zu einer Rekonstitution des Transports führt. Wegen ihrer meist hoch-affinen Bindung könnten sie die Substrate im periplasmatischen Raum vorkonzentrieren und dann auf das eigentliche Transportprotein übertragen.

Am Beispiel der Maltose soll abschließend gezeigt werden, wie kompliziert der aktive Transport ohne chemische Veränderung des Substrats verlaufen kann. Maltose oder Maltooligosaccharide werden zunächst durch das Rezeptorprotein für den Phagen Lambda oder durch eines der Porine mit einem erleichterten Transportmechanismus durch die äußere Membran von E. coli geschleust. Dann erfolgt im periplasmatischen Raum die Bindung an ein spezifisches Bindungsprotein, worauf zwei Proteine der cytoplasmatischen Membran den aktiven Transport katalysieren.

Gruppentranslokation

Als Gruppentranslokation bezeichnet man Transport mit gleichzeitiger chemischer Veränderung - meist Phosphorylierung - des Substrats. Das bestuntersuchte System dieser Art ist das PEP-Transferase-System (PTS), bei dem Phosphoenolpyruvat (= PEP) als energiereicher Phosphatdonor wirkt. PEP-Transferase-Systeme für Glukose, Mannose usw. sind in Gram-positiven wie Gram-negativen Bakterien weit verbreitet. Das PEP befindet sich innerhalb der Zelle. Sein aktivierter Phosphatrest wird in einer frei reversiblen Reaktion zunächst von einer löslichen Kinase (des sogenannten Enzyms I) auf den Histidin-Rest eines ebenfalls löslichen Proteins, des sogenannten HPr (= Histidin Protein) übertragen. Der immer noch energiereiche Phosphatrest dieses relativ kleinen (Molgewicht ca. 1o ooo) und hitzestabilen Phosphoproteins wird dann von membrangebundenen Proteinen (= Enzym II) auf den dabei gleichzeitig in die Zelle geschleusten Zucker übertragen. Man kann diese Phosphorylierungsreaktion auch in Anwesenheit von Detergens, also als nicht-vektorielle Enzymreaktion, durchführen. Der umgekehrte Versuch - der erleichterte Zuckertransport durch Enzym II ohne gleichzeitige Phosphorylierung - ist bisher nicht eindeutig gelungen.

Das Enzym I (Molgewicht 8o ooo) und HPr ließen sich als lösliche Proteine relativ leicht bis zur Homogenität anreichern. Die Enzymaktivität II trennte sich bei der Behandlung der Membran von E. coli mit 5 Vol.% Butanol-1 und 8 molar Harnstoff in einen jetzt löslichen Anteil (Enzym IIA) und einen ungelösten Anteil (Enzym IIB). Beide Komponenten wurden für die Phosphorylierungsreaktion benötigt. Die nach der Solubilisierung wasserlöslich gewordene Fraktion IIA ließ sich durch Ammonsulfat-Fällung und Elektrofokussierung in drei Sub-Fraktionen auftrennen. Diese waren als einzige Proteine des PEP-Transferase-Systems zuckerspezifisch ($IIA_{Glucose}$, $IIA_{Mannose}$, $IIA_{Fructose}$).

Das unlöslich gebliebene Enzym IIB ließ sich mit 1% Natrium Desoxycholat (= DOC) löslich machen. Nach Chromatographie an CM-Cellulose (= Kationenaustauscher) bei pH 5,5 und DEAE-Cellulose (= Anionenaustauscher) bei pH 7,5, sowie einer Gelelektrophorese in Anwesenheit von DOC ergab sich eine einheitliche Proteinfraktion (Molgewicht 36 ooo). Für die Rekonstitution der Zuckerphosphorylierung war außer dem zuckerspezifischen Enzym IIA, Enzym IIB, Enzym I und HPr auch der Zusatz von Phospholipid (Phosphatidylglycerin) erforderlich. Diese Kofaktor-Wirkung von Phospholipiden soll später (S. 95 ff) besprochen werden.

Die Wirkungsweise des PEP-Transferase-Systems ist schematisch in der Abb. 4o zusammengefaßt.

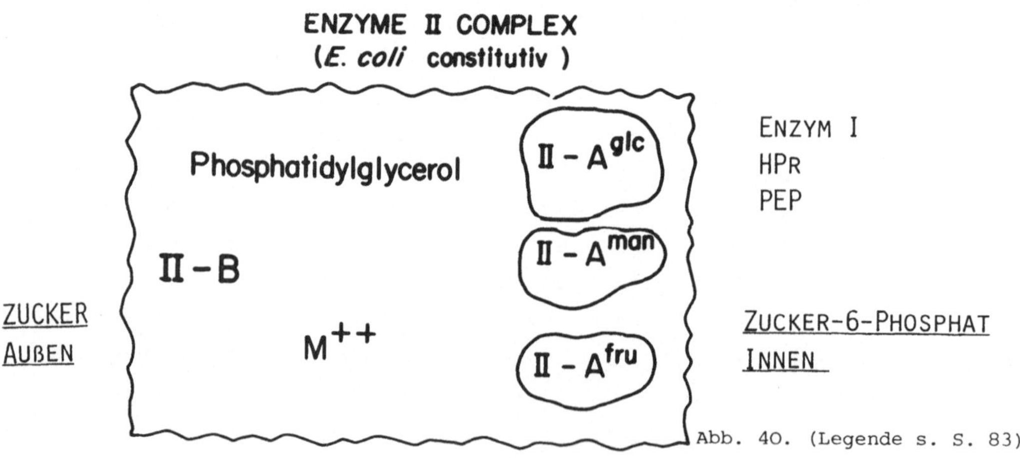

Abb. 40. (Legende s. S. 83)

Chemotaxis

E. coli und andere begeißelte Bakterien können sich durch Geißelrotationen gerichtet auf bestimmte gelöste Substanzen hinbewegen (positive), bzw. sich von ihnen wegbewegen (negative Chemotaxis). Die Bakterien sprechen dabei auf die zeitliche Veränderung der Gradienten an. Die genetische Untersuchung von Chemotaxis-negativen Mutanten zeigte, daß im Falle der Attraktion zu Galactose oder Ribose die periplasmatischen Bindungsproteine der Transportsysteme dieser Zucker als Chemorezeptoren wirken. Im Fall der Attraktion zu Glucose wirkt das Enzym II des PEP-Phosphotransferase-Systems als Chemorezeptor. Wegen der möglichen Analogie zur Reizleitung in Gehirn- und Nervenzellen wird der Mechanismus der Reizleitung von den Chemorezeptoren auf den in der cytoplasmatischen Membran verankerten Geißelapparat intensiv bearbeitet. In der Signalkette spielen Membranproteine mit Molgewichten um 6o ooo eine wichtige Rolle. Sie werden durch die Methylierung von Glutaminsäure-Resten aktiviert und durch Demethylierung inaktiviert. Hierfür wurden mit genetischen und biochemischen Methoden an der Chemotaxis beteiligte Methyltransferase und Methylesterase Aktivitäten nachgewiesen.

Das Vorkommen und die Rolle methylierter Membranproteine wird jetzt auch in höheren Zellen intensiv bearbeitet.

Membranfluidität und Transport

Bestimmte Mutanten von Escherichia coli benötigen ungesättigte Fettsäuren zum Wachstum (Fettsäure-auxotrophe Mutanten). Bei diesen Bakterien kann man durch Zusatz der Fettsäuren zum Wachstumsmedium die Fettsäurezusammensetzung der Membranlipide beeinflussen. Wegen der resultierenden Vereinfachung des Lipidmusters lassen sich in den isolierten Membranen und sogar in den intakten Zellen z.B. durch Kalorimetrie oder spektrale Methoden (s.S. 4o ff) thermische Phasenübergänge nachweisen. Die T_c-Werte hängen von der Art der zugesetzten Fettsäure ab. Unterhalb der T_c-Werte läuft auch eine laterale Phasen-

---

Abb. 40. Wirkungsweise des Phosphoenolpyruvat-Phosphotransferase Transportsystems von Escherichia coli. Der transportierte Zucker tritt von links (= außen) in den in die Membran eingezeichneten Enzymkomplex ein, und erscheint als Zucker-Phosphat auf der cytoplasmatischen Seite der Membran. Dort befinden sich auch die löslichen Komponenten des Transportsystems. (Modifiziert nach S. Roseman: Molecular Basis of Transport, p. 188. Academic Press, New York 1972)

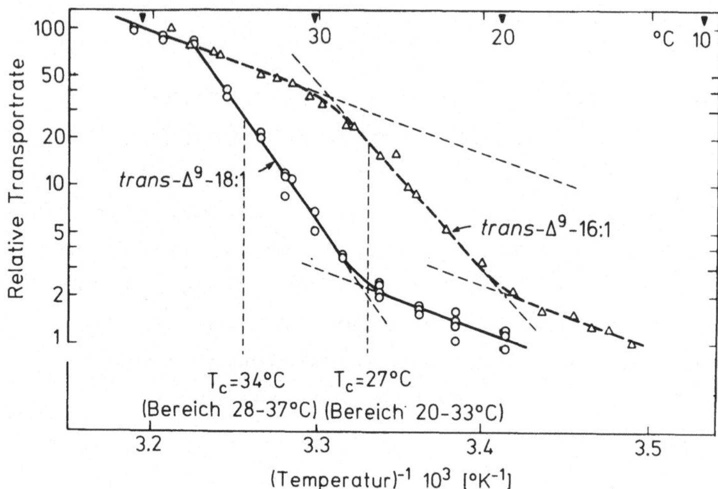

Abb. 41. Arrhenius-Diagramme für den erleichterten β-Galactosid-Transport durch das Lactose Permease System von Escherichia coli. Der verwendete Fettsäure-auxotrophe Stamm von E. coli wurde entweder auf einer trans-Δ^9-18:1- (linke Kurve, o) oder einer trans-Δ^9-16:1-Fettsäure (rechte Kurve, Δ) angezogen. Die Membranphospholipide (85% PE, 1o% PG, 5% Cardiolipin) waren zu 8o-9o% mit der zugegebenen Fettsäure substituiert. Mit physikalischen Methoden ergaben sich die angegebenen Bereiche für die T_c-Werte beider Membrantypen. Die relative Geschwindigkeit der ONPG-Hydrolyse ist auf logarithmischem Maßstab gegen den Kehrwert der absoluten Temperatur (1/K) aufgetragen. Am oberen Bildrand finden sich die entsprechenden °C Angaben. (Modifiziert nach P. Overath et al.: Trends Biochem. Sci. 1, 186-189, 1976)

trennung ab, wie sich z.B. durch die Partikelaggregation bei der Gefrierätz-Elektronenmikroskopie zeigen läßt. 1969 wurde erstmals gezeigt, daß Transportsysteme solcher E. coli Zellen auf die Phasenänderungen der Lipide ansprechen. Abb. 41 zeigt als Beispiel zwei Arrhenius-Diagramme für die Aktivität der Lactose Permease in Zellen, die mit einer trans-Δ^9-18:1 Fettsäure oder der fluideren trans-Δ^9-16:1 Fettsäure angereichert waren. Im Bereich der in Abb. 41 angegebenen, durch physikalische Messungen ermittelten T_c-Werte traten Diskontinuitäten auf. Hier änderte sich plötzlich die Aktivierungsenergie des Transports (s.S. 72) und maximale Transportgeschwindigkeit wurde erst oberhalb T_c, also mit einer fluiden Lipidphase beobachtet. Dies erinnert an die allerdings viel dramatischere Temperaturabhängigkeit des K^+-Transports durch Valinomycin (s.S. 72). Die Knicks in den Kurven der Abb. 41 wurden sowohl beim aktiven Transport durch die Lactose Permease (Methyl-thio-β-D-galactopyranosid als Substrat), wie auch bei dem ebenfalls katalysierten erleichterten Transport (von O-Nitrophenyl-β-D-galactopyranosid = ONPG) beobachtet. Deshalb kann man schließen, daß die Knicks in der Abb. 41 mit der Aktivität der Lactose Permease statt mit der Energiekopplung zusammenhingen. Diskontinuierliche Arrhenius-Kurven sind inzwischen auch bei zahlreichen anderen biologischen Transportsystemen und bei nicht-vektoriellen Enzymreaktionen nachgewiesen worden. Dabei ist unklar, ob der thermische Phasenübergang des Lipids oder die parallel dazu verlaufende laterale Phasentrennung der Proteine und/oder der Lipide die Diskontinuitäten verursacht. Die sehr wichtige Unterscheidung von Phasenübergang und Phasentrennung wurde auf der S. 36 ff bebesprochen. Auf jeden Fall zeigen solche Untersuchungen einen unmittelbaren Einfluß der Lipidphase der Membran auf die Funktion der eingebetteten Membranproteine an. Offenbar arbeiten diese Transport- und Enzymproteine als Lipoprotein-Komplexe. Die weitere Aufgliederung der Membranfluidität in die viskotrope und die Grenzflächenregulation soll später besprochen werden (S. 95 ff).

Transportsysteme höherer Zellen

Eukaryotische Zellen enthalten neben der Plasmamembran mit ihren oft zell-spezifischen Transportsystemen intrazelluläre Membransysteme, die ebenfalls zahlreiche Transportsysteme besitzen. Es sollen hier nur einige biochemisch besonders gut bearbeitete Transportsysteme besprochen werden.

Mitochondrien und Chloroplasten

Mitochondrien und Chloroplasten wandeln Redoxenergie in ATP um. Im Falle der Mitochondrien müssen die reduzierten Substrate sowie das ADP und das P_i aufgenommen werden und die oxidierten Substrate und ATP müssen heraustransportiert werden. Das NADH selbst kann nicht über die mitochondriale Membran diffundieren. Viele der Redoxsubstrate werden durch Austauschsysteme erleichtert transportiert. So kann das reduzierte Malat von außen gegen α-Ketoglutarat, Phosphat oder Citrat von innen ausgetauscht werden. Phosphat (= P_i) und auch Pyruvat werden zusammen mit H^+ bzw. im Austausch gegen OH^- aufgenommen. Ein in den Mitochondrien synthetisiertes Proteolipid vom Molgewicht 3o ooo ist wahrscheinlich an der Phosphataufnahme beteiligt. Das System für den Austausch von ADP^{3-} gegen ATP^{4-} ist biochemisch besonders gut bearbeitet. Die Isolierung und Rekonstitution dieses ADP/ATP-Carriers soll genauer besprochen werden.

Isolierung des ATP/ADP-Carriers (nach Klingenberg)

Mitochondriale Membranen werden mit einem radioaktiv markierten Hochaffinitätsinhibitor des Carriers (dem Carboxy-Atractylat oder der Bongkreksäure, s.S. 91), versetzt. Die Bindung des Inhibitors führt zu einer Resistenz des Carriers gegen Detergentien. Bei einer ersten Extraktion mit 1-2% Triton X-1oo lösen sich zahlreiche Proteine, die verworfen werden. Erst mit 4% Triton X-1oo wird der radioaktive Carrier-Komplex löslich. Es folgen Reinigungsschritte auf Hydroxylapatit und Sepharose, bzw. auf DEAE- und CM-Cellulose. Der nach nur 1o-facher Reinigung homogene Komplex enthält zwei Polypeptidketten mit Molgewichten von je 3o ooo und einem ungewöhnlich hohen isoelektrischen Punkt bei pH 1o.o. Die Rekonstitution gelang mit den später zu besprechenden allgemeinen Methoden zur Herstellung künstlicher Proteoliposomen (s.S. 92 ff). Der ATP/ADP-Carrier ist ein Transmembran-Protein, das nur auf der Außenseite den Inhibitor Atractylat und nur auf der Innenseite die Bongkreksäure bindet. Wahrscheinlich kann das Protein einen Kanal für ATP bzw. ADP bilden und der Transport geschieht durch spezifische Konfirmationsänderungen statt durch die früher angenommene Rotation des Proteins.

Der Kanal darf nicht permanent offen sein, sondern wird durch ein Tor (Gate) gesteuert. Das Tor kann ein Peptidbereich des Proteins oder eine separate Untereinheit sein, und meistens wird eine steuernde Rolle des Membranpotentials angenommen. Die Funktionsweise einer Gated pore ist schematisch in Abb. 42 gezeigt. Der Mechanismus wird auch auf zahlreiche andere Transportsysteme zutreffen, wobei gegenwärtig meist postuliert wird, daß die Pore erst nach Zusammenlagerung von zwei oder mehreren Proteinuntereinheiten entsteht. Es ist jedoch experimentell umstritten, ob nicht doch auch Monomere aktiv sind. Das Bacteriorhodopsin (s.S. 53 ff) könnte ein Beispiel einer auch als Monomer aktiven "Gated pore" sein.

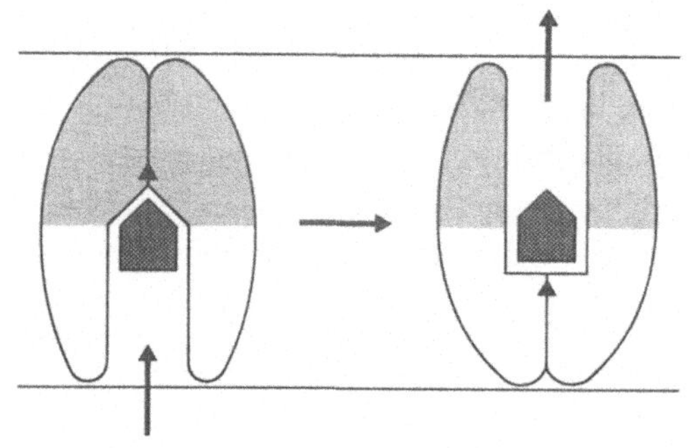

Abb. 42. Schematische Darstellung einer gated pore. Das Transportprotein ist als Dimeres gezeigt. Das Substrat (=Fünfeck) bindet in die Pore und wird nach einem Konformationswechsel der Proteine auf der anderen Membranseite freigelassen. Die Pore ist zu keinem Zeitpunkt ganz offen. (M. Klingenberg: Nature 290, 449-454, 1981)

Transportsysteme von Plasmamembranen

Plasmamembranen von Pflanzen- oder Säugerzellen sind gewebespezifisch differenziert, so daß sich z.B. die Plasmamembranen von Erythrozyten, von Dünndarmepithel und von Lymphozyten drastisch unterscheiden. Auch innerhalb einer Plasmamembran finden sich in der Regel Spezialbereiche, z.B. Junctions (Zellverbindungen) oder Microvilli.
Ein gutes Beispiel für die bei Transportuntersuchungen auftretenden Schwierigkeiten sind die integralen Glycosidasen für die Disaccharide Saccharose, Maltose und Isomaltose. Diese Enzyme sind an die Bürstensaummembran von Dünndarm oder Niere gebunden. Eine Zeitlang dachte man, daß die Spaltungsreaktionen vektoriell verlaufen, daß also das Disaccharid von einer Seite aufgenommen wird und die Monosaccharid-Produkte auf der anderen Seite der Membran abgegeben werden. Inzwischen ist klar, daß die Enzyme nur über eine begrenzte hydrophobe Sequenz in der Membran verankert sind, so daß die aktiven Zentren ein ganzes Stück von der Membranoberfläche entfernt sind (vgl. Cytochrom b_5, S. 5o). Im Nahbereich von Membranen existiert jedoch ein sog. unstirred layer.

Das Vorkommen solcher Diffusions-begrenzter Schichten wurde bereits bei der Besprechung von Micellstrukturen erwähnt (S. 33). Die in der unstirred-layer-Schicht freigesetzten Monosaccharide können bevorzugt durch die eigentlichen, von Na^+-abhängigen Transportsystemen der Bürstensaummembran transportiert werden. Ein aktiver Ko-Transport mit Na^+-Ionen findet in vielen Säugerzellen außer mit z.B. D-Glukose auch mit Aminosäuren statt. Der benötigte Na^+-Gradient wird von der Na^+K^+ATPase der Plasmamembran aufgebaut.

In Fettzellen wird D-Glukose durch ein anderes Transportsystem aufgenommen. Ein Membranprotein vom Molgewicht 94 ooo ist daran beteiligt. Dieses System ist von besonderem Interesse für die Wirkungsweise von Insulin, da Insulin den überhöhten Blutzuckerspiegel u.a. durch eine spezifische Aktivierung des Glucose-Transportsystems der Fettzellen abbaut. Biochemisch besser charakterisiert ist das nicht auf Insulin ansprechende Transportsystem für die erleichterte Diffusion von D-Glucose in Erythrozyten. Das sehr gut untersuchte Hauptprotein von Erythrozyten, die sog. Bande III (Molgewicht 9o ooo) katalysiert die erleichterte Diffusion von Anionen.

Isolierung des Glucose-Transportproteins von Erythrozyten
(nach Hinkle)

Lysierte Erythrozyten (= Ghosts) werden zunächst mit Salzlösungen oder o.1 mM EDTA bei pH 11 gewaschen, um einen Großteil der peripheren Membranproteine abzulösen. Ein mit o,5% Triton X-1oo gewonnener Extrakt wird dann in Anwesenheit des Detergens auf DEAE-Cellulose fraktioniert. Nach Entfernen von Triton X-1oo durch Adsorption an Biobeads SM-2 (= spezielle Polystyrol-Partikel) konnte die erleichterte Diffusion von D- (aber nicht L-) Glucose in Proteoliposomen (s.S. 92 ff) rekonstituiert werden. Dabei wurde als wichtiger handwerklicher Trick gefunden, daß Einfrieren und Auftauen der Proteoliposomen die Transportraten wesentlich verbesserte, z.T. durch Fusion kleinerer zu großen Vesikeln und z.T. durch Förderung der Lipid/Protein-Wechselwirkung (Versiegeln).

Im Gegensatz zu früheren Annahmen war das Transportprotein nicht identisch mit der Bande III, einem Haupt-Glykoprotein von Erythrozyten. Es handelte sich vielmehr um ein nur in geringer Konzentration vorhandenes Glykoprotein vom Molgewicht 55 ooo, das wahrscheinlich als Dimeres arbeitet. Mit einem Bindungstest für den radioaktiv markierten Hochaffinitäts-Inhibitor, Cytochalasin B (s.S. 91) kam man nach Solubilisierung und Anreicherung zu demselben Glykoprotein vom Molgewicht 55 ooo.

Ionenpumpen

Die durch den aktiven Transport von Ionen geschaffenen Gradienten sind als primäre Quelle von Freier Energie in allen pro- und eukaryotischen Zellen von zentraler Bedeutung. Solche Gradienten werden durch Kation-spezifische, oft als Ionenpumpen bezeichnete ATPasen aufgebaut. Dagegen wirkt die aus 7-9 Untereinheiten bestehende F_o-F_1-ATPase von Bakterien, Mitochondrien und Chloroplasten normalerweise als ATP-Synthese, indem sie H^+-Gradienten abgreift. Dieser wichtige Prozeß wird in einem eigenen Kapitel besprochen (S. 1o2 ff).

Die Ca^{2+}ATPase (Calcium Pumpe) ist das hauptsächliche Membranprotein des sarkoplasmatischen Retikulums. Dieses besteht aus tubulären und vesikulären Strukturen und bildet ein abgeschlossenes Kompartment im Inneren von Muskelzellen. Im Ruhezustand des Muskels wird Ca^{2+} innerhalb des sarkoplasmatischen Retikulums unter ATP-Verbrauch angehäuft, wobei ein Ca^{2+}-bindendes Protein, das Calsequestrin, beteiligt ist. Die gesamte Innenkonzentration an Ca^{2+} beträgt dann etwa 1o mM, während außen

< 1 µM Ca^{2+} verbleibt. Bei der Muskelkontraktion bricht der Ca^{2+}-Gradien in weniger als 1 msec wieder zusammen.

Die Isolierung der Ca^{2+}-ATPase wurde bereits auf S. 61 besprochen. Mit dem lipidfreien Enzym - das inaktiv ist - läßt sich mit Micellbildnern bzw. in Proteoliposomen die nicht-vektorielle ATPase-Reaktion allein oder gekoppelt mit einer Translokation von Ca^{2+} rekonstituieren. Ein charakteristisches Enzym der Plasmamembran von Säugerzellen ist die Na^+K^+-ATPase, die für die universell angetroffene Anreicherung von K^+ innerhalb der Zelle und die Abgabe von Na^+ nach außen hin sorgt. Das Digitalis-Glycosid Ouabain (s.S. 91) ist ein spezifischer Hochaffinitätsinhibitor dieser Na^+,K^+-"Pumpe" (K_i < 1 µM). Ouabain bindet von außen her, während die Hydrolyse von ATP im Zellinneren stattfindet. Pro ATP-Spaltung können 3 Na^+-Ionen nach außen und 2 K^+-Ionen nach innen transportiert werden, d.h. es handelt sich um ein elektrogenes Transportsystem. Die Isolierung der Na^+ K^+-ATPase wurde bereits auf S. 61 besprochen. Mit dem weitgehend von Lipiden befreiten - und inaktiven - Enzym läßt sich durch Rekombination mit Phospholipiden die ATPase-Reaktion rekonstruieren. In Proteoliposomen (s.S. 92 ff) ist dabei auch eine Translokation von Na^+ und K^+-Ionen gelungen. Ähnlich wie bei der Ca^{2+}-ATPase besitzt die katalytische Untereinheit ein Molgewicht von etwa 1oo ooo und der γ-Phosphat-Rest des ATP wird zunächst auf eine Aspartat-Seitenkette des Enzyms übertragen. Bei der Na^+K^+-ATPase ist dieser Schritt von Na^+-Ionen abhängig. Die anschließende Dephosphorylierung der Na^+K^+-ATPase läuft nur in Anwesenheit von K^+-Ionen ab. Man kann die Phosphatase-Reaktion auch mit dem chromogenen Substrat, p-Nitrophenyl-Phosphat verfolgen.

Die Na^+K^+-ATPase ist als oligomeres Transmembran-Protein in die Plasmamembran eingebaut und arbeitet wahrscheinlich mit einem durch kooperative Konformationsänderungen des Proteins gesteuerten Kanal-Mechanismus. In manchen Geweben (z.B. Nervenzellen) ist die Na^+K^+-ATPase Reaktion ein Hauptverbraucher des zellulären ATP. Die Gradienten von Na^+ und K^+ spielen eine zentrale Rolle als thermodynamische Triebkraft zahl reicher physiologischer Prozesse. Der Na^+-abhängige Transport von D-Glucose und von Aminosäuren wurde schon erwähnt (S. 87).

Die von der Na^+K^+-ATPase der Plasmamembran aufgebauten Gradienten von Na^+ und K^+ sind eine Grundlage der Informationsübermittlung im Nervensystem von Tier und Mensch. Die Nervenimpulse (Aktionspotentiale) von ca. 1oo mVolt können nämlich beim schnellen Zusammenbruch (< 1 mse der Na^+/K^+-Gradienten freigesetzt werden.

Ionenkanäle in Nervenzellen

Im Nervensystem existieren Rezeptorproteine, die stimulierbar sind. So reagiert das Acetylcholin Rezeptor Protein mit dem Neurotransmitter Acetylcholin oder das Rhodopsin der Sehstäbchen wird durch Licht angeregt. Eine Konformationsänderung des Rezeptorproteins führt direkt (wie beim Acetylcholin Rezeptor) oder indirekt (wie beim Rhodopsin) zu einer Erniedrigung des Ruhepotentials der Plasmamembran (= Depolarisation).

Daraufhin öffnet sich ein Potential-abhängiger Kanal für Na^+-Ionen in etwa o,1 msec, gefolgt von der Öffnung eines K^+-Kanals. Dies ist schematisch in der Abb. 43 dargestellt. Ein vom Membranpotential abhängiger Kanaltransport von Alkaliionen wurde schon bei dem Ionophor Alamethicin erwähnt (S. 74). Bei der Nervenmembran pflanzt sich die aus dem Fluß der Na^+ und K^+-Ionen resultierende Potentialveränderung lateral weiter fort, so daß das anfängliche Reizsignal eine enorme Verstärkung erfährt. Der Na^+-Kanal ist einer biochemischen Bearbeitung zugänglich, da spezifisch bindende Hochaffinitätsinhibitoren bekannt sind. Mit dem hochgiftigen Tetrodotoxin (Struktur, S. 91) aus dem japanischen Pufferfisch (K_i etwa $1o^{-9}$ M) ließ sich die Zahl der Na^+-Kanäle bestimmen. Pro μ^2 Nervenmembran sind nur etwa 2o Na^+-Kanäle enthalten, das ist etwa 1 Tausendstel der Menge an Acetylcholin Rezeptoren. Mit Lubrol-Detergens unter Zusatz von Phospholipid (zur Stabilisierung) ist eine Solubilisierung und partielle Anreicherung eines Tetrodotoxin/Protein-Komplexes gelungen (Chromatografie an DEAE-Sephadex und auf Sepharose 6B). Dies ist der notwenige erste Schritt für die biochemische Untersuchung des Potential-gesteuerten Na^+-Kanals.

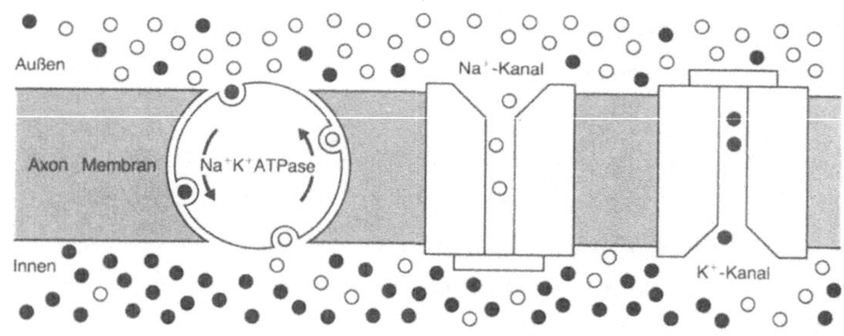

Abb. 43. Schematische Darstellung der Ionenkanäle von Nervenmembranen. Durch die Na^+K^+ATPase (links) werden Gradienten von K^+ (Überschuß innen) und Na^+ (Überschuß außen) aufgebaut. Die weiter rechts eingezeichneten Kanäle für Na^+ und K^+ sind im Ruhezustand der Membran geschlossen. Eine Erniedrigung des Ruhepotentials kann das Tor auf dem Na^+-Kanal öffnen. Etwas später öffnet sich das Tor auf dem K^+-Kanal. Die aus dem Ionenfluß resultierende Potentialveränderung pflanzt sich entlang der Nervenmembran weiter fort. Die Repolarisierung setzt nach einiger Zeit ein und führt wieder zum Schließen der Tore. ● = Na^+-Ionen. o = K^+-Ionen.
(Modifiziert nach R.D. Keynes: Sci. Am. 24o, 98-1o7, 1979)

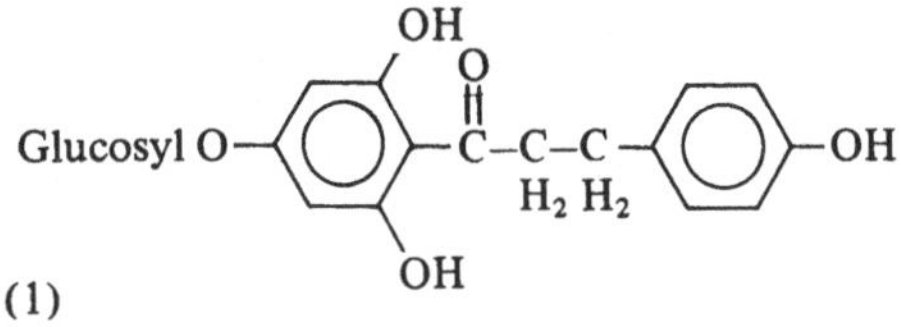

(1) 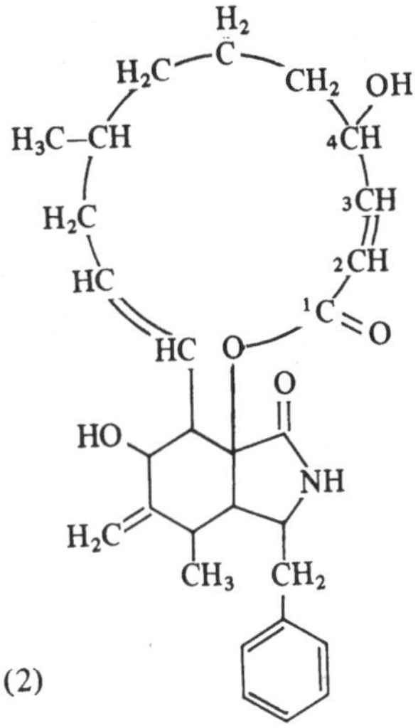 (2) 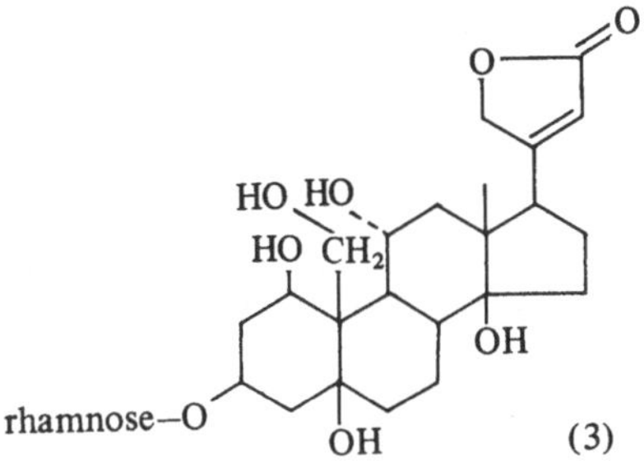 (3) 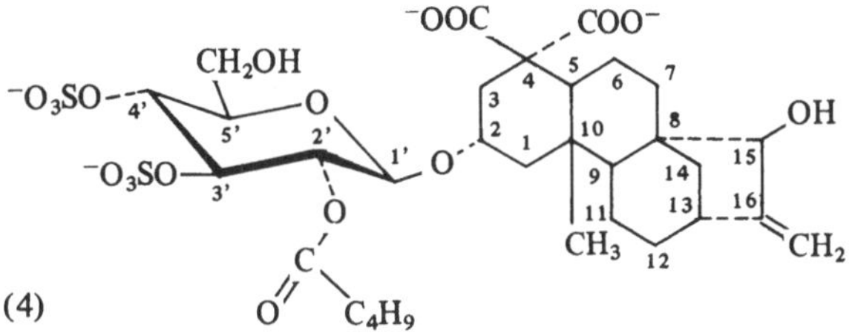 (4) 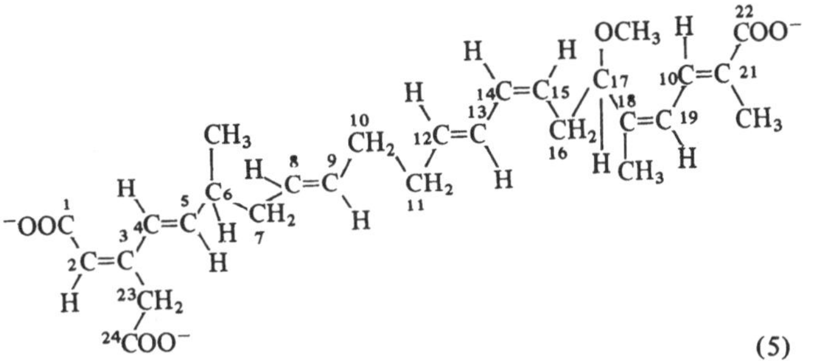 (5) 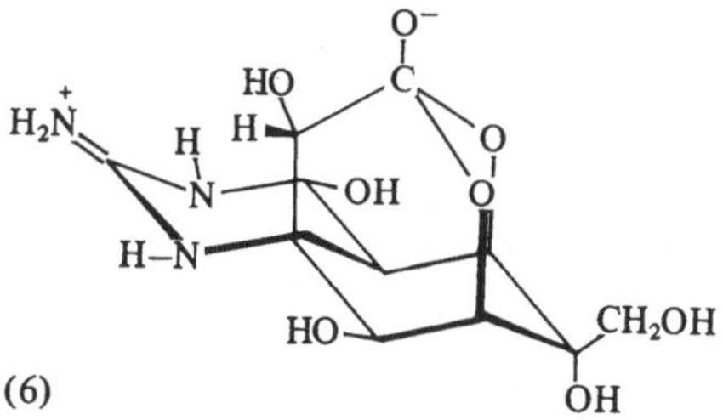 (6) 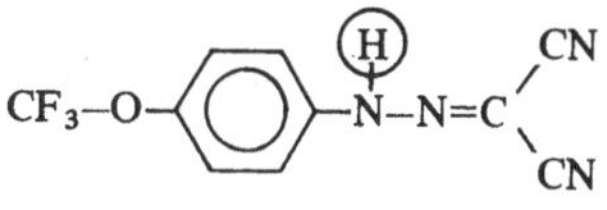 (7)

Abb. 44. Spezifische Inhibitoren von biologischen Transportsystemen. 1 Phlorizin; 2 Cytochalasin; 3 Ouabain; 4 Carboxyatractylosid; 5 Bongkreksäure; 6 Tetrodotoxin; 7 FCCP

Inhibitoren von biologischen Transportsystemen

Bei der Untersuchung der Transportsysteme höherer Zellen spielen spezifische Inhibitoren eine große Rolle, da man hier nicht - wie bei der Untersuchung bakterieller Transportsysteme - genetische Methoden einsetzen kann. Es ist bemerkenswert, daß die in der Abb. 44 zusammengestellten Transport-Inhibitoren oft keine strukturelle Ähnlichkeit mit den Transport-Substraten aufweisen. Das Glucosid Phlorizin, aber auch sein Aglykon Phloretin, sind spezifische Inhibitoren von D-Glucose-Transportsystemen. Das Cytochalasin B hemmt den erleichterten Transport von D-Glucose, hemmt aber durch seine Bindung an Mikrofilamente auch eine Vielzahl intrazellulärer Bewegungsvorgänge. Das Ouabain oder Strophantin G ist ein spezifischer Inhibitor der $Na^{+}K^{+}$-ATPase und wird als Digitalisglycosid auch klinisch bei Herzmuskelinsuffizienz eingesetzt. Das Carboxyatractylosid und die Bongkreksäure sind spezifische Inhibitoren des ATP/ADP-Carriers. Sie besitzen wie das ADP drei negative Ladungen. Das Tetrodotoxin greift am Na^{+}-Kanal an. Das lipophile FCCP ist eine schwache Säure. Auch das abgeleitete Anion permeiert gut über Membranen, so daß das FCCP schon im µM-Bereich ein wirksamer Entkoppler (=H^{+} Transportvehikel) ist.

Methoden für die Rekonstitution in Proteoliposomen

Nach der Reindarstellung eines Transportproteins oder vektoriellen Membranenzyms steht man vor der Aufgabe, das Protein in funktioneller Form wieder in eine künstlich hergestellte Membran einzubauen. Die hauptsächlichen Typen künstlicher Modellmembranen wurden auf der S. 42 ff schon besprochen. Monolayer-Membranen und multilamelläre Liposomen werden nur selten zur Rekonstitution verwendet. Die planare BLM-Membran wird vor allem dann eingesetzt, wenn sich die erfolgreiche Rekonstitution mit Leitfähigkeitsmessungen verfolgen läßt, also bei Ionentransportvorgängen. Am häufigsten werden einschalige Liposomen zur Rekonstitution eingesetzt, wobei viele der Methoden zuerst im Labor von E. Racker entwickelt wurden. Bei der Cholat-Dialyse-Methode mischt man das gewünschte Phospholipid (oft etwa 2-3% des sog. Asolectin, eines rohen Sojalecithins) und das gereinigte Protein in 1-2% Cholat-Detergens. Wegen seines hohen cmc-Wertes (s.S. 28)kann Cholat - oder auch das Octylglucosid - durch Dialyse entfernt werden und es bilden sich spontan Proteoliposomen (= Lipoprotein-Vesikel). Bei der Cholat-Verdünnungsmethode wird das Gemisch direkt in einen Überschuß an Puffer gegeben, so daß die Cholat- oder Octylglucosid-Konzentration unter die cmc erniedrig wird. Auch bei der Ultrazentrifugation der anfänglichen Protein/Phospholipid-Lösung in Cholat durch eine Detergens-freie Rohrzuckerlösung sedimentiert das Enzym in Form von Proteoliposomen, während das meiste Detergens oberhalb der Rohrzuckerlösung verbleibt. Die restlichen Spuren von Detergens - aber ganz allgemein auch nicht-dialysierende Detergentien wie das Triton X-1oo - lassen sich durch Adsorption an Kunstharze entfernen (z.B. an Biobeads oder an Amberlite XAD-2). Man kann auch durch direkten Zusatz dieser Adsorptionsmittel zu der Protein/Phospholipid-Lösung in Triton X-1oo oder einem anderen Detergens Proteoliposomen erzeugen.

Zur Isolierung einer relativ einheitlichen Population von einschaligen Liposomen aus dem zunächst erhaltenen Gemisch benutzt man die Gelchromatografie auf Sepharose oder Ultrazentrifugationsverfahren. Mit diesen Methoden und durch Elektronenmikroskopie läßt sich auch die Größe der Proteoliposomen ermitteln (meist im Bereich zwischen 2oo und 2ooo Å). Wie lassen sich künstliche Liposomen energetisieren? Ein ΔpH läßt sich durch Zugabe von Säure bzw. Alkali einstellen. Ein $\Delta\varphi$kann man erzeugen, indem z.B. in K^+-Phosphatpuffer gebildete Liposomen in einem iso-osmotischen Na^+-Phosphatpuffer suspendiert werden. Bei Zugabe von Valinomycin werden K^+-Ionen nach außen transportiert, so daß ein Membranpotential (außen positiv) entsteht.

Der Erfolg einer Rekonstitution in Proteoliposomen hängt oft von kleinen handwerklichen Tricks ab. Beispielsweise kann ein Einfrier/Auftau-Zyklus die Protein/Lipid-Wechselwirkung und die Dichtigkeit der Liposomen verbessern. Die Wahl des richtigen Lipids, der richtigen Mg^{2+}-Konzentration und der anderen experimentellen Parameter kann entscheidend sein. Immerhin ist bei einer großen Zahl funktioneller Membranproteine eine Rekonstitution gelungen, wie die Beispiele der Tabelle 9 belegen.

Tabelle 9. Beispiele für Transport- und Enzymproteine, die gereinigt und dann in Proteoliposomen rekonstituiert wurden

Gereinigtes Protein	Rekonstituierte Funktion
	Erleichterte Diffusion von:
Porinprotein (*E. coli*)	Substanzen vom Molgewicht < 6oo.
Rezeptorprotein des Phagen Lambda (*E. coli*)	Maltose und andere Zucker.
Glucose Transportprotein (Erythrozyten)	D-Glucose
Bande III (Erythrozyten)	Anionen
ADP/ATP-carrier (Mitochondrien)	ADP und ATP
	Aktiver Transport von :
Prolin Transportprotein (Bakterien)	L-Prolin.
Lactose Permease (*E. coli*)	Lactose
Na^+K^+ ATPase (Plasmamembran)	Na^+ und K^+
Ca^{2+}-ATPase (Sarkoplasmatisches Retikulum)	Ca^{2+}
Bakteriorhodopsin(*Halobacterium*)	H^+
NADH Ubichinon Reductase (Mitochondrien)	H^+
Ubichinon Cytochrom c Reductase (Mitochondrien)	H^+
Cytochrom Oxidase (Mitochondrien)	H^+
	Komplexe Enzymreaktionen
Cytochrom b_5, Cytochrom b_5 Reductase, Stearoyl-SCoA Desaturase (Endoplasmatisches Retikulum)	Bildung von Oleoyl-SCoA
Cytochrom P-45o, Cytochrom P-45o Reductase (Endoplasmatisches Retikulum)	Oxidativer Abbau von Chemikalien

8. Regulation von Membranenzymen durch Lipide

Nachweis der Lipidabhängigkeit

Bei den in Tabelle 9 zusammengestellten Lipid/Protein-Rekonstitutionen hat das Lipid zunächst die Aufgabe, durch Bildung der asymmetrischen Liposomenstruktur überhaupt den Nachweis der vektoriellen Transportfunktion zu ermöglichen. Darüber hinaus hängt aber in der Regel die Aktivität auch nichtvektorieller Membranproteine von der chemischen Zusammensetzung und dem physikalischen Zustand der umgebenden Lipidphase ab. Häufig besteht eine obligate Lipidabhängigkeit. Dies wurde zuerst 1961 in klassischen Versuchen der Arbeitsgruppe um D.E.Green an der β-Hydroxybutyrat Dehydrogenase der inneren Mitochondrienmembran nachgewiesen. Das Lipid der isolierten Membranfraktion ließ sich durch milde Detergensextraktion, oder durch Behandlung mit Phospholipase A_2 und Adsorption von Lysolipid und Fettsäure an Albumin, entfernen. Dabei ging die Enzymaktivität vollständig verloren. Wenn das mitochondriale Phospholipid wieder zugesetzt wurde, trat eine Reaktivierung des Enzymproteins ein. Damals gelangen bereits weitere wichtige Beobachtungen. (1) Einfluß der polaren Lipidgruppe. Das Enzym wurde nur durch gemischte Mitochondrienlipide oder reines Lecithin aus Mitochondrien, Eidotter oder Sojasamen aktiviert, nicht aber durch andere getestete Phospholipide. (2) Einfluß der Fettsäuremobilität. Dipalmitoyllecithin war ohne Aktivität, während die natürlichen Lecithine und synthetisches 1-Palmitoyl-2-oleoyllecithin aktiv waren. Nach heutiger Nomenklatur waren die Lecithine nur oberhalb T_c aktiv (s.S. 36). Im Folgenden sollen die unter (1) und (2) aufgeführten Einzelbeobachtungen unter den allgemeinen Begriffen "Grenzflächenregulation" bzw. "viskotrope Regulation" weiter besprochen werden. Pro Mol des Enzyms wurden etwa 1oo bis 4oo Mole Phospholipid benötigt.

Das Lipid schien damit nicht als ein normaler, stöchiometrisch wirkender Kofaktor zu fungieren, sondern als ein micelläres Lösungsmittel. Diese Schlußfolgerung nahm bereits einen wichtigen Aspekt des Fluid-Mosaik-Membranmodells vorweg.

Grenzflächenregulation

Die Spezifität der β-Hydroxybutyrat Dehydrogenase für Lecithin führte lange Zeit zu der Meinung, daß Membranproteine spezifisch bestimmte polare Lipidgruppen benötigten, so daß die Vielfalt der Lipidklassen in Membranen für die Vielfalt der vorhandenen Membranproteine nötig sei. Diese Meinung ist jedoch überholt. Die meisten Lipid-abhängigen Enzyme können durch mehrere chemisch verschiedene Lipide und häufig sogar mit bestimmten Detergentien aktiviert werden. Sorgfältige Untersuchungen mit gemischten Lipidphasen haben gezeigt, daß die β-Hydroxybutyrat Dehygenase nur 2-4 Moleküle Lecithin pro Polypeptid benötigt, während die übrigen Lecithinmoleküle der Versuche von D.E.Green und Mitarbeitern durch andere Phospholipide ersetzbar sind. Bei der Cytochrom Oxidase von Mitochondrien scheint eine ähnliche Situation vorzuliegen. Hier werden zur optimalen Aktivität wenige Moleküle Cardiolipin benötigt, wenn ein Überschuß anderer Phospholipide oder bestimmter Detergentien anwesend ist. Die meisten Lipid-abhängigen Enzyme zeigen keine so strenge Spezifität für wenige Moleküle eines bestimmten Phospholipds, obwohl meist gemischte Lipide aktiver als Reinlipide sind.

Bei den meisten Reaktionen membrangebundener Enzyme, aber auch Transport- und Rezeptorproteinen, sind wasserlösliche Substrate oder Kofaktoren beteiligt, so daß sich diese Reaktionen an der Grenzfläche zwischen Membran und Wasserphase abspielen müssen. Es ist daher nicht überraschend, daß Membranprozesse durch physikalische Parameter der polaren Lipidgruppen reguliert werden. Dazu gehören folgende Parameter, die sich teilweise gegenseitig beeinflussen: das Ausmaß der Hydratisierung und der Flächenbedarf der polaren Gruppen, die Oberflächenladung der Membran (z.B. Verhältnis isoelektrische/negativ geladene Lipide, Membranpotential), die Beweglichkeit der polaren Gruppen (z.B. abhängig von H-Brücken), das Ausmaß der Bindung mehrwertiger Ionen wie Mg^{2+} und Ca^{2+}.

Zur Illustration sollen zwei Beispiele aufgeführt werden. Die bakterielle Polyprenol Kinase (s.S. 62) ist weitgehend unspezifisch für die chemische Struktur von Lipidaktivatoren. Beim Vergleich von fluiden Ölsäure-Lipiden waren nur die aktiv, die gut hydratisiert werden (z.B. Dioleoyllecithin, Natrium Oleat, 1-Monooleat). Wenig hydratisierte Lipide, wie 1,2- oder 1,3-Diolein, Triolein oder Methyloleat waren selbst dann inaktiv, wenn sie in eine stark hydratisierte Detergens-Micelle eingebaut waren.

Die isolierte Na^+K^+ATPase der Säuger-Plasmamembran wird durch reines Lecithin nur wenig aktiviert. Lecithin wird jedoch durch Zusatz von ca. 1o Mol% eines negativ geladenen Lipids wie Oleat oder Dihexadecylphosphat zu einem sehr wirksamen Aktivator. Die negativ geladenen Zusätze waren für sich allein inaktiv.

Viscotrope Regulation

Mit viscotrop meint man den Einfluß der Fettsäureviskosität bzw. -fluidität auf Membranfunktionen. Diese Begriffe sind nicht scharf definiert, sondern stehen mit einer Vielzahl physikalischer Parameter in Bezug, z.B. spektralen Relaxationszeiten oder Ordnungsparametern, Diffusions--koeffizienten für laterale oder Rotationsbewegungen in der Membran, Verteilungskoeffizienten für Reporter-Moleküle (s.S. 4o ff) usw.

Häufig wird der Einfluß der Lipide unterhalb oder oberhalb ihrer Schmelztemperatur, T_c, untersucht. Dazu bestimmt man die untersuchte Enzym-, Rezeptor- oder Transportaktivität in Abhängigkeit von der Temperatur, und trägt in einem Arrhenius-Diagramm log (Aktivitätsrate) gegen den Kehrwert der absoluten Temperatur (1/K) auf. Lösliche Enzyme ergeben hierbei meist Geraden, deren Steigung der Aktivierungsenergie der Reaktion ist. Beim Transport von β-Galactosiden in E. coli Mutanten hatten wir bereits Arrhenius-Kurven mit dem für viele Membranprozesse typischen Knick gesehen (s.S. 84). Hier kam es zu einer drastischen Erhöhung der Aktivierungsenergie des Transports unterhalb der Schmelztemperatur der Membranlipide. Zwei Beispiele für solche diskontinuierlichen Erhöhungen von Aktivierungsenergien unterhalb T_c von rekonstituierten Enzymen sind in der Abb. 45 gezeigt. Die Na^+K^+ATPase besitzt einen obligaten Lipidbedarf. Dieses Enzym sprach deutlich auf T_c an. Die ebenfalls in Abb. 45 gezeigte Cytochrom b_5 Reductase ist jedoch mit wasserlöslichen Substraten auch in Abwesenheit von Lipid aktiv, da das aktive Zentrum dieses Enzyms weit außerhalb der Membranebene liegt (s.S. 5o). In der unteren gezeigten Arrhenius-Kurve sieht man trotzdem eine Diskontinuität in der Nähe des T_c-Wertes des Lecithin-Kofaktors. Der Grund dafür ist in diesem Fall, daß sich das integrale Membranprotein, Cytochrom b_5, und die ebenfalls amphipathische Reduktase durch laterale Diffusion in der Ebene der Membran treffen müssen. Das Vorliegen einer Diffusionskontrolle wird durch die nicht geknickte obere Arrhenius-Kurve von Abb. 45 gestützt. Bei dieser Kurve wurden durch Zusatz an einem

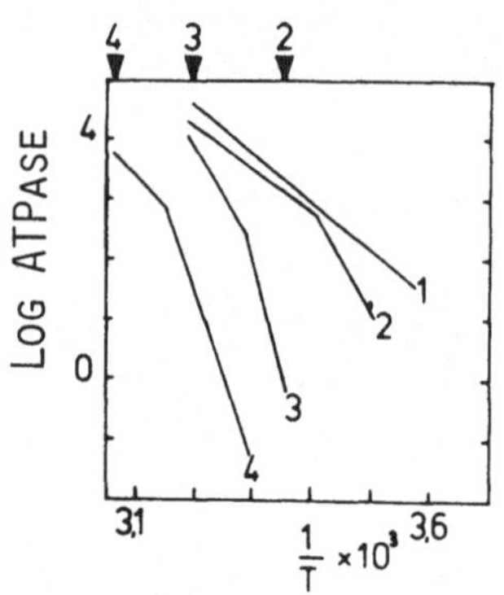

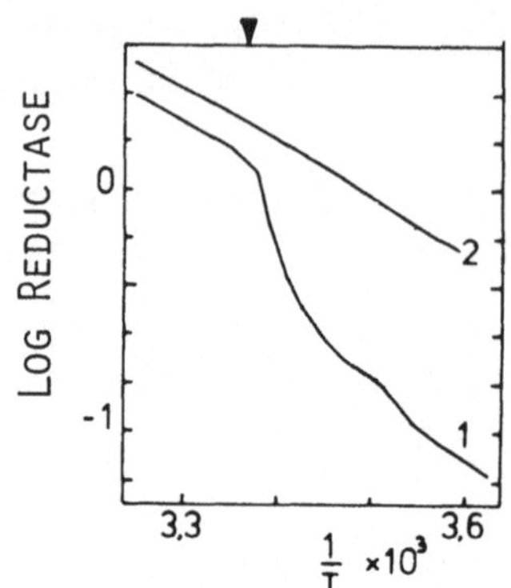

Abb. 45. Viskotrope Regulation
Links. Arrhenius-Diagramm für die Aktivierung der Na^+K^+ATPase durch folgende Species von Phosphatidylglycerin. 1. Dioleoyl-PG. 2. Dimyristoyl-PG. 3. Dipalmitoyl-PG, und 4. Distearoyl-PG. Die kalorimetrisch bestimmten T_c-Werte für diese Lipide sind am oberen Bildrand angegeben. (Nach Daten von H.K. Kimelberg und D. Papahadjopoulos, 1974). Rechts. Arrhenius-Diagramm der Cytochrom b_5-Reduktase-Reaktion in Liposomen aus Dimyristoyl-Lecithin. Der T_c-Wert dieses Lipids (23 °C) ist am oberen Bildrand markiert. Das Molverhältnis von Cytochrom b_5 zu Reduktase war etwa 2 in Kurve 1 und 45 in Kurve 2. (Nach Daten von P. Strittmatter und M.J. Rogers, 1975). (H. Sandermann: Biochim. Biophys. Acta 515, 209-237, 1978)

hohen Überschuß an Cytochrom b_5 die Diffusionswege stark verringert.

In den gezeigten Beispielen wurden chemisch einheitliche Lipide eingesetzt, so daß die Knickpunkte der Arrheniusdiagramme als Folge von thermischen Phasenübergängen (phase transition) gedeutet werden konnten. Bei intakten biologischen Membranen ist die Interpretation weitaus schwieriger. Hier treten oft deutlich geknickte Arrhenius-Kurven auf, obwohl die Membran keinen kalorimetrisch nachweisbaren Phasenübergang in der Nähe der Knicktemperatur zeigt. Besonders die oft hohe Konzentration von Cholesterin in Säuger-Membranen unterdrückt die Kristallisation des Phospholipids (s.S. 36).

In den heterogen zusammengesetzten biologischen Membranen können geknickte Arrhenius-Kurven in vielen Fällen durch laterale Entmischungen (phase separation) verursacht sein. Der wichtige Unterschied zwischen dem Phasenübergang und der Phasentrennung wurde früher besprochen (s.S. 36 ff).

Lipid als 2-dimensionales Lösungsmittel

Die Chemiker der Waschmittelindustrie wissen schon lange, daß die Fluidität der Kohlenwasserstoffketten und die Hydratisierung der polaren Gruppen von Detergentien kritische Parameter für die Solubilisierung von Schmutzstoffen sind. Diese Parameter sind auch für die Micellisierung selbst wichtig (s.S. 134), und sie spielen ebenso eine zentrale Rolle bei der Solubilisierung katalytischer Proteine in der Lipidphase. Dieser von T_c abhängige Prozeß ist in Abb. 46 zusammengefaßt. Die Quartärstruktur von Enzymen kann bei der Solubilisierung erhalten bleiben, wie z.B. bei den komplex aufgebauten Redoxenzymen der Atmungskette.

Eine langjährige Kontroverse besteht nun in der Frage, ob sich bei der Solubilisierung in Lipid eine definierte Solvathülle um das Protein lagert. Aus der Größe der eingelagerten Peptidbereiche kann man berechnen, daß integrale Proteine wie Rhodopsin, die Ca^{+}ATPase oder Cytochrom Oxidase etwa 2o bis 1oo Phospholipidmoleküle für einen ein Molekül breiten Bilayer-Gürtel benötigen. Tatsächlich ließ sich mit der Elektronenspinresonanz-Spektroskopie diese Zahl an Lipidmolekülen als eine immobile Lipidfraktion nachweisen, wie in Abb. 47 gezeigt ist. Diese Solvathülle wurde als langlebiges sog. Boundary Lipid oder Lipid-Annulus interpretiert. Mit anderen Methoden, wie der Deuterium-

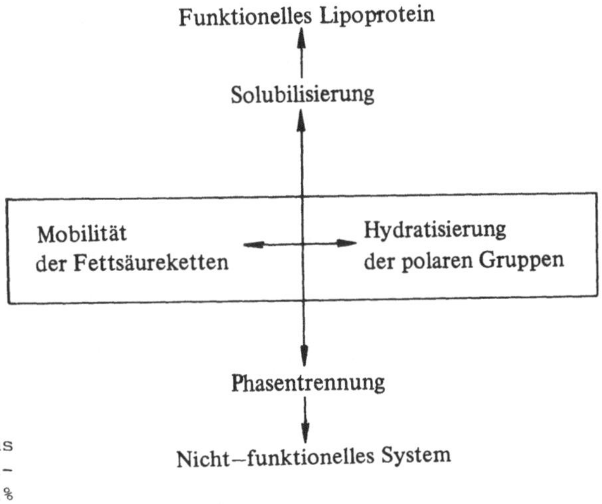

Funktionelles Lipoprotein
Solubilisierung
Mobilität
der Fettsäureketten
Hydratisierung
der polaren Gruppen
Phasentrennung
Nicht-funktionelles System

Abb. 46. Schema für eine mögliche Beziehung der im Text besprochenen Parameter. (H. Sandermann: Biochim. Biophys. Acta 515, 209-237, 1978)

Proteoliposom
Freies Lipid
a
c
Liposom
Gebundenes Lipid
b
d
25G

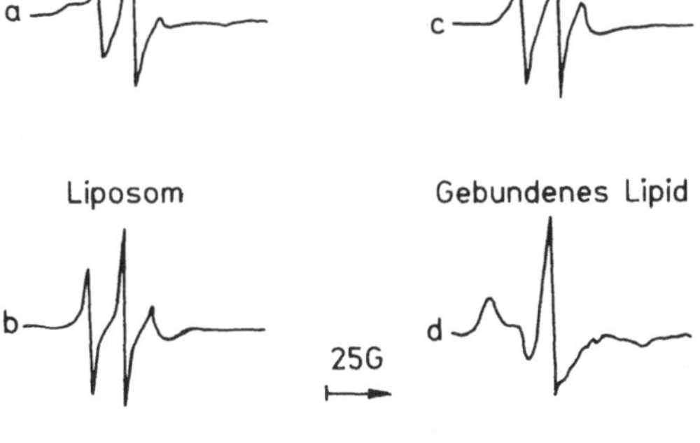

Abb. 47 a-d. Nachweis von Protein-gebundenem Lipid. Proteoliposomen aus Na^+K^+ATPase und 1-Palmitoyl-2-Oleoyl-Lecithin waren mit weniger als 1 Mol% des Reporter-Moleküls, 14-Proxyl-stearoyl-Phosphat, versetzt worden. Folgende Elektronenspinresonanz-(=ESR)-Spektren sind gezeigt: a der kompletten Proteoliposomen; b der reinen Liposomen ohne ATPase-Zusatz; c ein rechnerisch aus a ermitteltes Partial-ESR-Spektrum für den Anteil an freiem Lipid in den Proteoliposomen; d das rechnerisch ermittelte Partial-ESR-Spektrum für das Protein-gebundene Lipid in den Proteoliposomen. Der Unterschied der Spektren d und c wird mit der Immobilisierung des Protein-gebundenen Lipids erklärt. (Modifiziert nach P.C. Jost, O.H. Griffith: Ann. N.Y. Acad. Sci. 348, 391-407, 1980)

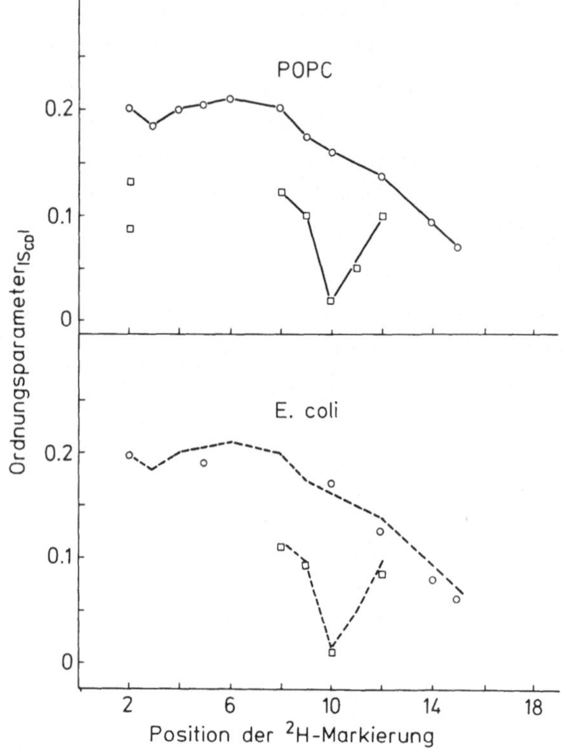

Abb. 48. Der Deuterium Ordnungsparameter von spezifisch deuteriertem 1-Palmitoyl-2-Oleoyl-Lecithin in reinen Liposomen (oben) und in Membranen aus einem Fettsäure-auxotrophen Stamm von E. coli, der mit den spezifisch deuterierten Fettsäuren aufgezogen worden war. Der Ordnungsparameter ist jeweils gegen die Position der ^{2}H-Markierung entlang der Palmitoyl (o) und der Oleoyl-Kette (□) aufgetragen. Trotz des hohen Proteingehalts der Membranproben sind die Ordnungsparameter von Membranen und Liposomen ähnlich. (H.U. Gally et al.: Biochemistry 18, 5605-5610, 1979)

und anderen Kernresonanzmethoden war jedoch kein immobiles Lipid zu finden. Dies ist in Abb. 48 für Lipide mit spezifisch deuterierten Fettsäuren gezeigt. Der Deuterium-Ordnungsparameter entlang den Fettsäureketten war in Liposomen und in Protein-haltigen Membranen aus E. coli fast identisch. Eine Erklärung der widersprüchlichen Ergebnisse gelang erst, als die Zeitskalen der Methoden genauer betrachtet wurden. Die ESR-Spektroskopie erfaßt molekulare Bewegungen im 10^{-8} sec Bereich, während die ^{2}H-NMR-Spektroskopie im 10^{-4} sec Bereich arbeitet. Heute wird dem Protein-gebundenen Lipid eine Lebenszeit von etwa 10^{-5} sec zugeordnet, so daß es auf der ESR-Skala immobil erscheint, während es bei der ^{2}H-NMR-Spektroskopie fluide ist. Das gebundene Lipid ist damit keine statische Fraktion, sondern es steht in einem dynamischen Gleichgewicht von Assoziation und Dissoziation:

$$\text{Protein + Lipid} \underset{k_{zurück}}{\overset{k_{hin}}{\rightleftharpoons}} \text{Protein-Lipid-Komplex}$$

Die Gleichgewichtskonstante für die Assoziation ist gleich dem Quotienten aus den Geschwindigkeitskonstanten,

$$K_{Gl.} = \frac{k_{hin}}{k_{zurück}}$$

Während k_{hin} wahrscheinlich weitgehend durch laterale Diffusion kontrolliert wird, ist $k_{zurück}$ von der Festigkeit der Bindung des Lipids an das Protein abhängig. Eine festere Bindung führt zur Verringerung von $k_{zurück}$, so daß das Gleichgewicht mehr auf die Seite Protein-Lipid-Komplex verschoben wird.

9. ATP Gewinnung an Membranen

In Kapitel 7 wurden Transportvorgänge über Membranen besprochen. Für die Bildung des Energie-reichen ATP an Membranen sind H^+- (=Protonen)-Gradienten von besonderer Bedeutung. In Abb. 49 ist schematisch gezeigt, daß der Elektronenfluß in der mitochondrialen Atmungskette (von NADH zu O_2) mit einem Export von H^+ gekoppelt ist. Dies führt in Teilbild (b) zu einer "Energetisierung" der Membran, über die jetzt ein H^+-Gradient (Δp_H) und ein Ladungsgradient ($\Delta\varphi$, außen positiv) anliegt. In Teilbild (c) fließen H^+-Ionen durch den F_o-Teil ("Stiel") der ATPase zurück. Gekoppelt damit wird auf dem F_1-Teil der ATPase (dem Knöpfchen) ATP aus ADP und P_i synthetisiert. Die ATPase fungiert unter diesen Bedingungen als ATP-Synthetase. In der chemiosmotischen Hypothese von P.Mitchell wird die Energetisierung der Membran als proton-motive-force, Δp, definiert. Δp ist gleichbedeutend mit $\Delta\mu_{H^+}$, also mit der Differenz des chemischen Potentials der Protonen auf den beiden Seiten der Membran. Die Anwendung der Thermodynamik auf die Situation in Abb. 49b ergibt,

$$\Delta p = \Delta\mu_{H^+} = \Delta\varphi - z \cdot \Delta p_H \, .$$

$\Delta\varphi$ ist die über die Membran anliegende elektrische Spannungsdifferenz in mVolt. z ist ein Faktor [$= 2{,}3 \times \frac{R \cdot T}{F}$], in dem T = absolute Temperatur (K), R = Gaskonstante und F = Faraday-Konstante ist. Z hat bei Zimmertemperatur einen Wert von etwa 6o mVolt. Δp_H ist der pH-Unterschied zwischen beiden Membranseiten. Ein typisches biologisches Beispiel wären wachsende Bakterien, die innen um eine p_H-Einheit alkalisiert sind und die eine Spannungsdifferenz von 18o mVolt (innen negativ) besitzen. $\Delta\mu_{H^+}$ wäre in diesem Fall -24o mVolt. Da biologische Membranen weitgehend impermeabel für Protonen und andere Ionen sind, kann das $\Delta\mu_{H^+}$ z.B. für die Bildung von ATP, für aktiven Transport (s.S. 78) oder für mechanische Bewegungen (z.B. Chemotaxis, s.S. 83) genutzt werden.

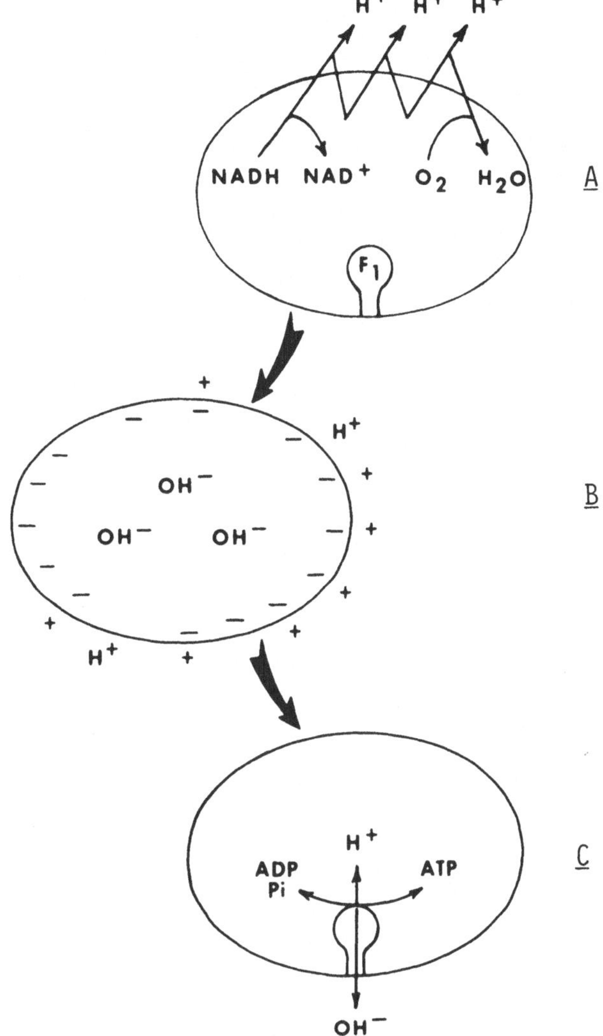

Abb. 49 a-c. ATP-Biosynthese durch Chemiosmose. A Durch vektoriell angeordnete Redoxreaktionen werden H^+-Ionen nach außen transportiert. B Der saure pH-Wert außen und die positive Überschußladung außen führen zu ΔpH und Δφ. C Die Protonen laufen durch den F_o-Teil (Stiel) der ATPase zurück. Diese führt zu der Synthese von ATP aus ADP + P_i. (F.M. Harold: Bacteriol. Rev. 36, 172-230, 1972)

Die Hauptquellen von $\Delta\mu_{H^+}$ sind:

1. Die mitochondriale Atmungskette mit den - isolierbaren - Teilkomplexen, NADH Dehydrogenase, Ubichinon-Cytochrom c Oxidoreductase. Cytochrom c Oxidase und Transhydrogenase. Die Atmungsketten von Bakterien sind in der cytoplasmatischen Membran lokalisiert.

2. Die Photosynthesezentren in bakteriellen Thylakoiden sowie die pflanzlichen Photosysteme I und II (für Lichtquanten von 682 und 7oo nm).

3. Das Bakteriorhodopsin der Purpurmembran von Halobacterium.

4. Die F_o/F_1-ATPase in der Spaltungsreaktion von ATP.

Aus der Vielfalt der spektroskopischen und biochemischen Untersuchungsmethoden sollen hier nur zwei experimentelle Beispiele aus Rekonstitutionsversuchen besprochen werden.

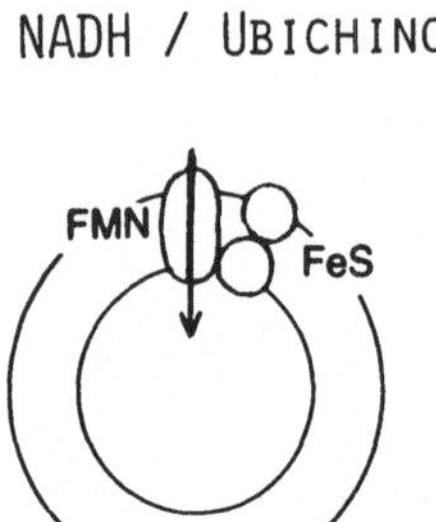

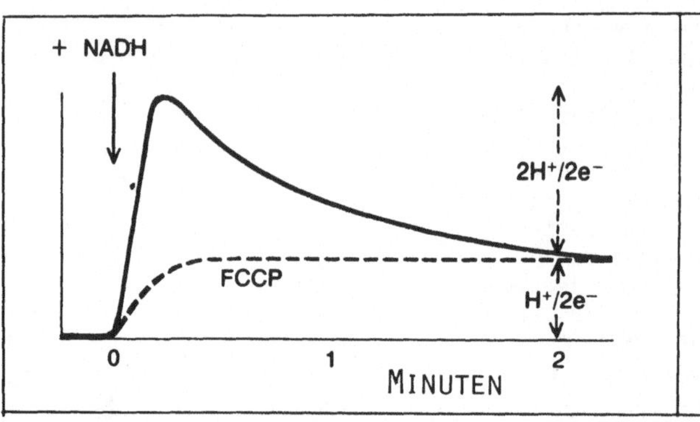

Abb. 50. Nachweis einer vektoriellen H^+-Ionen Translokation bei der NADH-Dehydrogenase-Reaktion in Proteoliposomen aus gemischtem Soja-Phospholipid. Das linke Teilbild gibt schematisch die Anordnung der Proteinkomponenten in der Membran wieder. Im rechten Teilbild wurde der Außen-pH-Wert gegen die Zeit gemessen, nachdem die Reaktion mit NADH ± FCCP gestartet worden war. (P.C. Hinkle, R.E. McCarthy: Sci. Am. 238, 104-123, 1978)

In Abb. 5o wurde der gereinigte NADH-Dehydrogenase Komplex aus Mitochondrien in Proteoliposomen eingebaut (Methoden dazu, s.S. 92 ff). Der Komplex enthält alle Komponenten zwischen dem NADH und dem Ubichinon der Atmungskette. Bei Zugabe von NADH läßt sich mit dem p_H-Meter eine Alkalisierung des Außenmediums nachweisen. Diese bleibt im Kontrollversuch bei Zugabe des Entkopplers FCCP (s.S. 91) weitgehend aus. Man kann schließen, daß bei der Oxidation von NADH Protonen in die Proteoliposomen hineinfließen, d.h. die Orientierung des Komplexes ist entgegengesetzt zu der in Mitochondrien.

Auch beim Einbau von Bakteriorhodopsin (Purpurmembran) in Proteoliposomen findet bei Belichtung eine Alkalisierung des Außenmediums statt, d.h. daß in diesem Versuch das Protein entgegengesetzt zu der Orientierung in den Bakterien eingebaut ist. Der Mechanismus des H^+-Transports ist in diesem Fall recht gut verstanden. Das native, Purpur-farbene Protein absorbiert Licht bei maximal 57o nm und geht dabei unter Anlagerung eines Protons an die Verknüpfungsstelle von Retinal und Lysin (Schiff'sche Base, -C=N-) in eine gebleichte Form (λ_{max}, 412 nm, $-C=\overset{+}{N}H-$) über. Die gebleichte Form gibt spontan ein Proton an der entgegengesetzten Membranseite ab. Es bildet sich das 57o nm-Protein zurück, das dann erneut den photochemischen Zyklus durchlaufen kann. Dieser Turnover wird auch als Pumpen von Protonen bezeichnet. Während des Zyklus treten 5-6 spektrale Zwischenstufen mit einer Summe der spektralen Halbwertszeiten von etwa 1o msec auf.

Es ist anzumerken, daß das als Protein ähnliche, aber in eine fluide Membran eingebaute Rhodopsin der Sehstäbchen bei λ_{max} 5oo nm absorbiert. Als Primäreffekt erfolgt eine 11-trans-Isomerisierung und schließlich eine Abdissoziation des Retinal-Chromophors. Es öffnet sich ein Kanal für Ca^{2+}-Ionen, gefolgt von einer Depolarisation der Plasmamembran. Dies wiederum führt zum Öffnen der auf S. 9o besprochenen Na^+ und K^+ Kanäle, so daß schließlich ein Nervenimpuls resultiert. Rhodopsin ist damit ein Signalwandler, keine Protonenpumpe.

Die chemiosmotische Theorie wird besonders gut in Versuchen illustriert, wo man die F_o-F_1-ATPase zusammen mit $\Delta\mu_H+$-Generatoren, wie Bakteriorhodopsin oder die Redoxkomplexe der Atmungskette in Proteoliposomen einbaut. Hier läßt sich die ATP-Bildung direkt als Folge von ΔpH und $\Delta\varphi$ analysieren. Die ΔpH-Komponente kann man z.B. mit einem empfindlichen pH-Meter bestimmen. Die $\Delta\varphi$-Komponente kann man z.B. durch die Aufnahme radioaktiv markierter, lipophiler Ionen bestimmen. Geeignete Ionen sind das negativ geladene Tetraphenylborat [$(C_6H_5)_4$-B^-] und das positiv geladene Methyltriphenylphosphonium-Ion [= $TPMP^+$; $(C_6H_5)_3$-P^+-CH_3]. Bei solchen quantitativen Untersuchungen treten allerdings gelegentlich Unstimmigkeiten auf, z.B. kann ATP gebildet werden, ohne daß das gemessene $\Delta\mu_H+$ dafür ausreicht. Es ist daher möglich, daß nicht nur freie Protonen, sondern auch die an die Membran/Wasser-Grenzflächen gebundenen Protonen und Ladungen für die Berechnung eines lokalen $\Delta\mu_H+$ eingesetzt werden müssen. Das Problem der Grenzflächenstruktur ist schon bei der Struktur von Micellen und bei dem unstirred layer-Effekt bei Transportprozessen (S. 33, 87) erwähnt worden.

Zum Abschluß dieses Kapitels sollen Ergebnisse von Y.Kagawa und Mitarbeitern zu der F_o-F_1-ATPase besprochen werden. Sie erhielten den hochgereinigten Enzymkomplex aus einem thermophilen Bakterium in einer besonders stabilen Form. Es gelang, das Enzym in seine Untereinheiten zu zerlegen und die vektoriellen Teilreaktionen der ATPase schrittweise wieder zu rekonstituieren (Abb. 51). Der F_o-Teil allein konnte in Proteoliposomen zu einem Kanal für Protonen rekonstituiert werden. Dieser Prozeß wurde durch das DCCD (=Dicyclohexyl-Carbodiimid, Cyclohexyl-N=C=N-Cyclohexyl) spezifisch blockiert. Das DCCD- bindet kovalent an das -COOH einer Aspartyl-Seitenkette der F_o-Untereinheit, die sich als Proteolipid in Chloroform/Methanol reinigen läßt. Diese Untereinheit allein bildet jedoch keinen spezifischen H^+-Kanal. Die Untereinheiten γ, δ, und ϵ des F_1-Teils der ATPase binden als Gate oder "Tor" an den F_o-Kanal, so daß der Protonendurchtritt durch Öffnen und Schließen regulierbar wird. Dies entspricht vom Konzept her der Gated Pore von Transportproteinen (s.S. 86) oder den Deckel-Proteinen auf den Na^+- und K^+-Kanälen des Nervensystems (s.S. 9o).

Mit der Anlagerung der α und β Untereinheiten wird schließlich das aktive Zentrum für die ATPase bzw. ATPase Synthetase angekoppelt, so

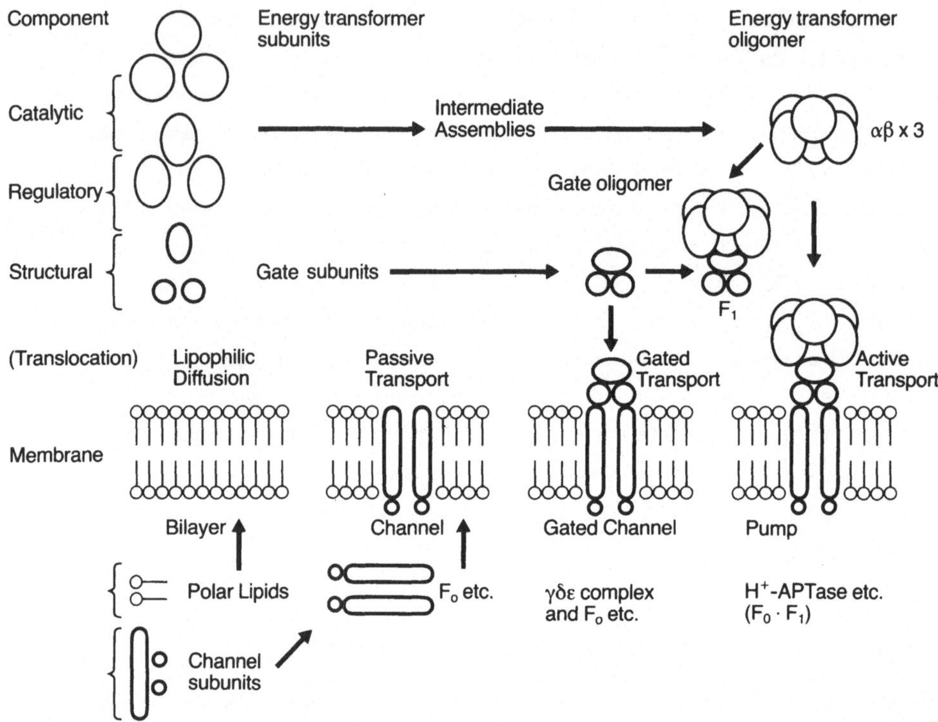

Abb. 51. Stufenweise Rekonstitution von Kanal, Kanal + Tor und der gekoppelten F_o-F_1-ATPase aus den Untereinheiten. Der Einbau der F_o-Untereinheiten in die Liposomen-Membran führt zu einem Kanal für den erleichterten Durchtritt von H^+-Ionen. Der zusätzliche Einbau der nächsten drei Untereinheiten (des Stiels) schafft ein gate oder Tor, so daß der H^+-Kanal Potentialabhängig wird. Wenn jetzt noch die Untereinheiten des F_1-Teils angelagert werden, kann man die Kopplung von ATP-Bildung an den Durchtritt von H^+-Ionen durch den F_o-Kanal nachweisen. (Y. Kagawa: Biochim. Biophys. Acta 505, 45-93, 1978)

daß jetzt durch Konformationsänderungen die Kopplung zwischen H^+-Durchfluß und ATP-Synthese analog Abb. 49 möglich ist.

10. Funktion und Biosynthese von Oberflächenzuckern

Strukturen

Dieser Abschnitt beschäftigt sich mit Oligo- und Polysacchariden von Zelloberflächen. Die Zuckerreste können als zelluläre Antennen Wechselwirkungen mit der Außenwelt aufnehmen, z.B. den Kontakt mit Nachbarzellen. Die Krebs-artige Zelltransformation ist häufig von einem Verlust der Kontakthemmung zwischen Zellen begleitet. Durch chemische Analyse hat man gleichzeitig erhebliche Veränderungen in den Oberflächenzuckern festgestellt.

Oberflächenzucker finden sich keineswegs nur auf Säugerzellen, sondern auch auf Pflanzen- und Bakterienzellen, sowie auf bestimmten Viren. Eine Auswahl ist in Tabelle 1o gegeben.

Selbst Oberflächenzucker, die nur strukturelle Funktion zu haben scheinen, können funktionelle Bedeutung haben. So bewirken z.B. Schadpilze bei ihrem Eindringen in die pflanzliche Zelle eine Verdauung von Zellwand-Polysacchariden. Die freigesetzten Oligosaccharide z.B. des Pektins, können darauf die Biosynthese von phenolischen Abwehrstoffen (Phytoalexinen) in der Pflanze induzieren.

In Säugerzellen sind Glycosphingolipide und Glycoproteine die wichtigsten Zuckerkomponenten der Zelloberfläche. Die Strukturen der Cereboside und Ganglioside wurden auf S. 14 ff behandelt, so daß jetzt die Strukturen der Glycoproteine besprochen werden sollen. Viele der in früheren Kapiteln behandelten Proteine sind Glycoproteine, z.B. das Rhodopsin, die $Na^{+}K^{+}$ATPase, das Glukose Transportprotein und das Glycophorin von Erythrocyten.

Glycoproteine enthalten in kovalenter Bindung nur ein (z.B. Ovalbumin, Ribonuclease B), einige (meistens), oder eine Vielzahl von Oligosacchariden. Letzteres ist typisch für die Kollagene und für die Mucopolysaccharide (= Proteoglycane), also Knorpel- und Schleimsub-

Tabelle 1o. Oberflächenzucker in der Biologie

Organismus	Komponente
Viren.	
Influenzavirus	Glycoprotein
Bakterien	
Halobacterium	Glycoprotein
E. coli, andere Gramnegative Bakterien	Lipopolysaccharid Murein Kapselpolysaccharide
Grampositive Bakterien	Murein Teichonsäuren
Pflanzliche Zellen	Cellulose Hemicellulosen Pektine Glycoproteine Glycolipide
Säugerzellen	Mucopolysaccharide = Proteoglycane Glycoproteine Glycolipide

stanzen. Die Zuckerreste sind über eine O-glycosidische Bindung an Serin oder Threonin (seltener Hydroxyprolin oder Hydroxylysin) gebunden, oder über eine N-glycosidische Bindung an Asparagin. Dieser wichtige Bindungstyp hat folgende Struktur:

```
------- NH- CH - CO-------
            |
            CH2
            |
            CO-NH- Zucker.
```

Eine Standardmethode der Unterscheidung von O- oder N- gebundenem Zucker besteht in einer Alkalibehandlung, wobei durch eine β-Eliminierung nur die O-glycosidische Bindung geöffnet wird.

Ein wichtiges Problem bei Glycolipiden und -proteinen ist die strukturelle Mikroheterogenität. Während Proteinsequenzen durch die Kolinearität mit RNA und DNA eindeutig festgelegt sind, werden die Zuckersequenzen lediglich durch die nie mit 1oo% Ausbeute arbeitenden Glycosyltransferasen bestimmt. Hinzu kommt die Statistik. Man kann aus 2 Hexosen 11 und aus 3 Hexosen 1o56 verschiedene Di- bzw. Trisaccharide bilden, während man mit 2 Aminosäuren nur 2 und aus 3 Aminosäuren nur 6 Di- bzw. Tripeptide bilden kann.

Im Säugetier kommen zwei Hauptklassen von Glycoproteinen vor: die integralen Glycoproteine der Plasmamembran und die löslichen zirkulierenden Glycoproteine des Blutserums. Nur 2 der vielen Proteine des menschlichen Serums (das Albumin und das Retinol-bindende Protein) tragen keine Zuckerreste.

Einige Beispiele für Zucker-abhängige Prozesse an Zelloberflächen

Bindung von Phagen an Salmonella (Losick und Robbins, 1967, 1969)[1]

Der Phage ϵ^{15} benutzt folgende Teilstruktur des Lipopolysaccharids von *Salmonella* als Rezeptor,

Mannose-Rhamnose-(6-o-Acetyl)-Galactose-α-1,6-(Rest)

Ein lysogen bereits in die zelluläre DNA integrierte Phage ϵ^{15} verändert die Zelloberfläche, um die Bindung weiterer Phagen ϵ^{15} zu verhindern. Dies geschieht durch Bildung der folgenden neuen Lipopolysaccharid-Teilstruktur:

Mannose-Rhamnose-Galactose-β-1,6- (Rest)

An diese neue Struktur kan jedoch der Phage ϵ^{34} binden, der seinerseits nach dem lysogenen Einbau in die DNA die Rezeptorstruktur für weitere ϵ^{15} und ϵ^{34} Phagen blockiert. Dies geschieht, indem die Galactose durch einen D-Glukose-Rest substituiert wird, wobei eine Polyprenol-phospho-Glukose beteiligt ist.

Diese biochemisch verstandenen Änderungen der Zelloberfläche von *Salmonella* können als Modellsystem für Säuger- und sogar menschliche Zellen gesehen werden. In solchen Zellen sind ebenfalls latent eingebaute Viren und auch Veränderungen in den Oberflächenzuckern bekannt, ohne daß aber ein biochemisches Verständnis vorliegt.

---

[1] Sci. Am. 12o-124 (1969)

Blutgruppensubstanzen (ABO-System)

Das Phänomen der Blutgruppenspezifität wurde bereits um 1900 von K. Landsteiner nachgewiesen. Auf der Oberfläche von Erythrozyten der Gruppe O befindet sich die sog. H-Substanz, ein Oligosaccharid, das sowohl an Proteine wie an Glycosphingolipide gebunden vorkommt. Personen mit der Blutgruppe A besitzen zusätzliche genetische Information für eine Transferase, die N-Acetyl-Galactosamin aus dem UDP-Zucker auf die H-Substanz überträgt. Bei der Blutgruppe B wird durch eine andere Transferase D-Galactose aus der UDP-Galactose auf die H-Substanz übertragen. Diese, und weitere Blutgruppenspezifitäten, lassen sich somit auf bestimmte Zuckertransferasen und zugehörige Gene zurückführen.

Membrangebundene Immunglobuline und Transplantationsantigene

Das Knochenmark ist der Bildungsort von Lymphozyten. Deren Vorläuferzellen können vom Knochenmark in den Thymus wandern und zu sog. T-Lymphozyten reifen. Diese wirken als Effektorzellen (z.B. Helfer- oder Suppressorzellen) bei vielen immunologischen Prozessen mit. Die Oberfläche der T-Lymphozyten trägt eine Vielzahl spezifischer Antigen- und Rezeptorstrukturen, wie z.B. die HLA-Antigene (s.u.).

Wenn die Vorläuferzellen aus dem Knochenmark in die Bursa Fabricii, eine Darm-Anhangsdrüse von Vögeln, oder in Bursa-Äquivalente Bereiche von Säugern wandern, entstehen B-Lymphozyten. Bei Stimulierung durch ein Antigen differenziert eine Antigen-erkennende Population von B-Lymphozyten zu Plasmazellen und sekretiert den Antigen-spezifischen Antikörper. Antikörper (= Immunglobuline) finden sich dann als lösliche, im Blut zirkulierende Glykoproteine. Etwa 80% der Immunglobuline des Blutserums gehören zur Klasse G. Der Aufbau dieses IgG aus zwei schweren (H-) und zwei leichten (L-) Polypeptidketten ist in Abb. 52 A skizziert. Leichte und schwere Ketten sind durch Disulfidbrücken kovalent verknüpft. Die Polypeptidketten enthalten ferner die angegebenen internen Disulfidbrücken, und die als Kreise eingezeichneten Strukturdomänen. Die erforderliche Vielfalt spezifischer Antikörper könnte im Prinzip durch Permutation der beiden Oligosaccharid-Reste entstehen (s.S. 109). Terminale Zucker der IgG sind u.a. die üblichen Sialinsäure und Fucose-Reste. Tatsächlich jedoch wird die Antigen-spezifische Variabilität auf dem Niveau der Protein-Primärsstruktur bestimmt. Der variable Teil der Sequenz ist in dem angegebenen Fab (= "Fragment antigen binding") -Bereich lokalisiert. Im unteren Teil der Proteinstruktur befindet sich der konstante F_c-Bereich (F_c = "Fragment cry-

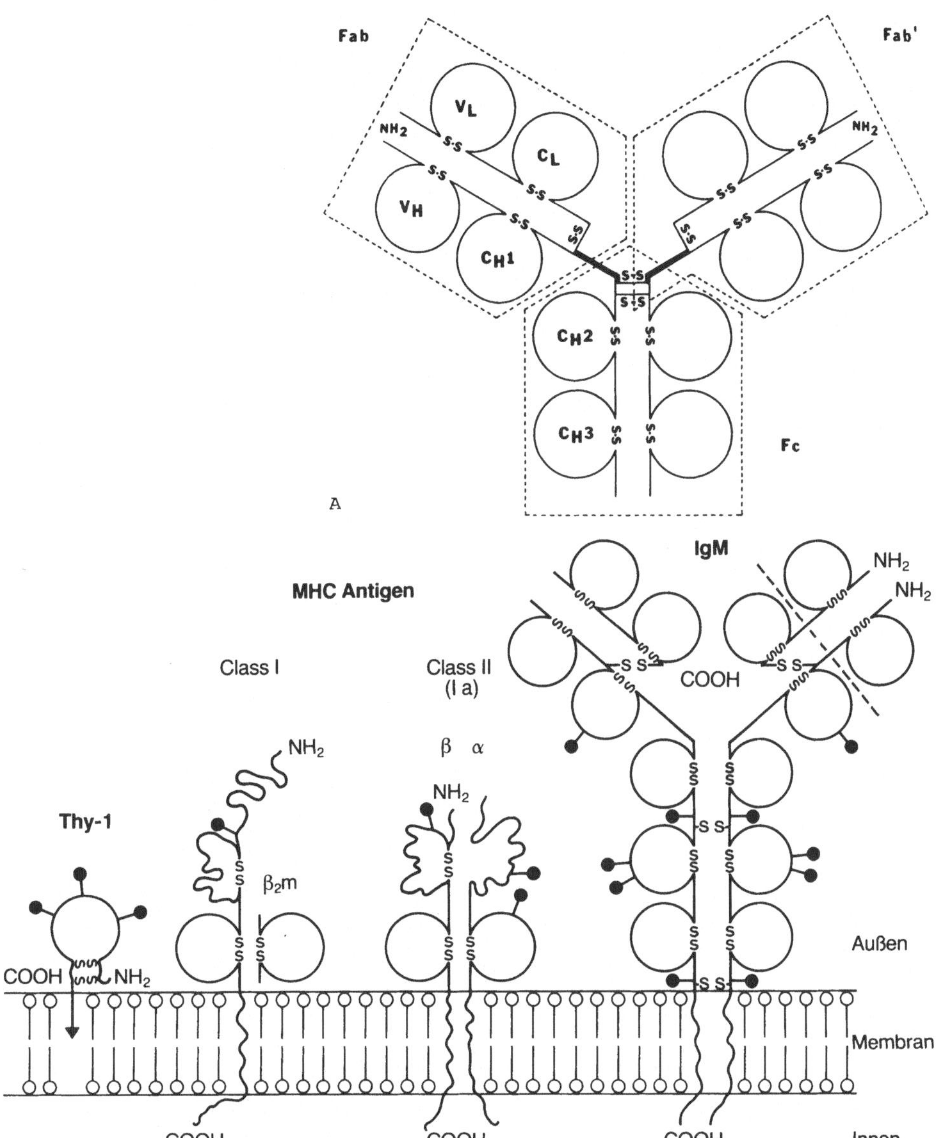

Abb. 52 A,B. A Schematische Darstellung eines menschlichen Immunglobulin-Moleküls (IgG). Die beiden leichten Ketten (Molgewicht jeweils etwa 25 000) enthalten die beiden Homologieregionen, V_L und C_L. Die schweren Ketten (Molgewicht jeweils 50 000) enthalten die vier Homologieregionen, V_H,C_H1,C_H2 und C_H3. Die markierten Fab und F_C-Strukturbereiche werden durch eine Spaltung mit Papain erhalten. Der Fab'-Bereich entapricht einem Fragment, das nach Spaltung mit Pepsin erhalten wird. Die N-terminalen Enden und die zahlreichen cherakteristischen S-S-Disulfidbrücken sind ebenfalls eingezeichnet. Die beiden Oligosaccharidreste (nicht eingezeichnet) sind im F_C-Teil lokalisiert. (L.M. Amzel, R.J. Poljak: Ann. Rev. Biochem. 48, 961-967,1979)

B Immunglobulin-verwandte Proteine der Oberflächenmembran von lymphoiden Zellen. Wie in Abb. A ist die Domänenstruktur durch Kreisbögen angedeutet. Die schwarze Stiel-Knöpfchen-Struktur soll Oligosaccharid-Reste symbolisieren. Folgende Proteine sind gezeigt: Das Thy-1 Differenzierungsantigen. Die Histokompatibilitätsantigene der Klasse I (aus schwerer Kette und dem β_2-Microglobulin) und der Klasse II (aus einer α-und einer β-Kette). Ein IgM-Molekül. (J.C. Jensenius, A.F. Williams: Nature 300, 583-588, 1982)

stallizable"). Heute sind insbesondere die durch Fusion von Antikörper-produzierender Zelle mit krebsartiger Myeloma-Zelle erhaltenen monoklonalen Antikörper ein wichtiges biochemisches Werkzeug zur Untersuchung von Antigenstrukturen. Myeloma-Zellen sind auch ein gutes System, um die Biosynthese und Sekretion der Immunglobuline zu untersuchen.

Die erste Erkennung des Antigens durch Lymphozyten erfolgt durch bereits vorhandene, Antigen-spezifische Immunglobuline, die als integrale Glykoproteine in die Plasmamembran eingelagert sind. Diese Rezeptoren ähneln strukturell den löslichen Immunglobulinen von Abb. 52 A, sie besitzen aber zusätzlich unpolare Transmembran-Sequenzen. Dieses Bauprinzip ist am Beispiel des IgM in Abb. 52 B gezeigt. Auch die sekretierten löslichen Ig-Ketten haben zunächst eine unpolare Signalsequenz, die jedoch abgespalten wird (s. Signalhypothese, S. 62 ff).

Die Abb. 52 B zeigt auch die Struktur des Membran-gebundenen Thy-1 Antigens. Dieses ist ein Glykoprotein, daß als häufiges Oberflächenantigen z.B. auf Thymozyten und neuronalen Zellen vorhanden ist. Die Membranverankerung scheint nicht durch eine unpolare Aminosäuresequenz, sondern durch einen unpolaren Substituenten auf einem C-terminalen Cystein-Rest zu geschehen.

Die Transplantations- oder Histokompatibilitätsantigene sind eine weitere immunologisch wichtige Klasse von Oberflächenantigenen. Sie kommen auf Lymphozyten und anderen Säugerzellen vor und bestimmen die Gewebeverträglichkeit bei Transplantationen. Nach der Nomenklatur ihrer Genorte heißen die besonders gut untersuchten Transplantationsantigene des Menschen HLA-Antigene und die der Maus H2-Antigene. Bei der Klasse I dieser Antigene ist eine größere Transmembran-Kette mit außenliegenden Oligosacchariden und einer Domänenstruktur mit der kleineren Kette des β_2-Microglobulin assoziiert. Die Sequenz des β_2-Microglobulins ist verwandt mit der des F_c-Teils von Immunglobulinen. Auch die Klasse II der Transplantationsantigene ähnelt strukturell den Immunglobulinen (Abb. 52).

Wegen ihrer großen medizinischen Bedeutung werden die Transplantationsantigene gegenwärtig intensiv untersucht. Neben der Strukturaufklärung (s. Abb. 52 B) geht es um Genetik, Biosynthese und Funktion. Hier soll nur erwähnt werden, daß Oberflächenantigene allgemein auf die Membranfluidität ansprechen können. Die Pionierversuche von Frye und Edidin (s.S. 24) hatten gezeigt, daß Oberflächenantigene lateral beweglich sind. Wenn Liganden, wie spezifische Antikörper oder Lectine, an die Oberflächenantigene binden, kommt es häufig zu einer lateralen Phasentrennung, entweder in relativ kleine Aggregate (patching) oder in einen geschlossenen Membranbereich (capping). An diesen Prozessen ist wahrscheinlich auch das Cytoskelett beteiligt.

Wirkungsweise von Cholera Toxin

Das Cholera Toxin ist ein Exotoxin, das von dem Cholera-Erreger, Vibrio cholerae, im Magen/Darm-Trakt ausgeschieden wird. Das Toxin bindet an Darmzellen und induziert dort eine Überproduktion von cylo-AMP (cAMP). Dies führt schließlich zu einer wäßrigen Diarrhoe und tödlich verlaufendem Wasserverlust aus den Zellen.

Als spezifischer Rezeptor für das Toxin dient das Gangliosid GM_1 (s.S. 16), mit einer Assoziationskonstante, K_{ass} von etwa $1o^9$ M^{-1}. Die Rezeptoraktivität geht bei Abspalten der terminalen Galaktose, oder der Sialinsäure, oder auch nur der -COOH-Gruppe der Sialinsäure völlig verloren. Lyso-GM_1 (mit einer N-Acetyl statt einer N-Fettsäure Substitution) hat jedoch gegenüber GM_1 sogar gesteigerte Aktivität.

Das Toxin ist aus einer A-Kette (Molgew. 28 ooo) und 5 B-Ketten (Molgew. 11 6oo) zusammengesetzt. Die Ringstruktur des Toxins hat einen Außendurchmesser von etwa 1oo Å. Die B-Ketten sind über 4o Aminosäuren hinweg sequenzhomolog mit bestimmten Glykoprotein-Hormonen (z.B. dem thyreotropen Hormon TSH und dem Follikel stimulierenden Hormon FSH).

Die Frage, welche der Untereinheiten für die Bindung an das GM_1 verantwortlich ist, ließ sich mit einem einfachen in-vitro-Test beantworten. Man stellte Liposomen mit Zusatz von GM_1 her und füllte diese mit D-Glukose. Bei Zusatz eines Toxin-Derivats, das nur die B-Kette enthält (dem Choleragenoid), wurde ein selektiver Ausstrom von D-Glukose induziert, nicht aber bei Zusatz der A-Kette. Für die gereinigte A-Kette lag eine andere in-vitro-Beobachtung vor, die bei der Formulierung des Wirkungsmechanismus eine große Rolle gespielt hat: Die isolierte A-Kette hatte enzymatische Aktivität für die Spaltung von NAD, und für die Übertragung von ADP-Ribose aus NAD auf bestimmte Proteine.

Das Diphterie-Toxin wirkt übrigens ebenfalls als eine ADP-Ribosyl-Transferase, wobei eine Übertragung auf den ribosomalen Elongationsfaktor 2 erfolgt.

Die Wirkungsweise des Cholera-Toxins stellt man sich wie in Abb. 53 gezeigt vor.

Das ringförmige Toxin bindet mit einer seiner B-Ketten an ein GM_1. Es kommt zu einem lokalen Zusammenfließen ("cluster") weiterer GM_1-Moleküle, die an die übrigen B-Ketten des Toxins binden können. Danach

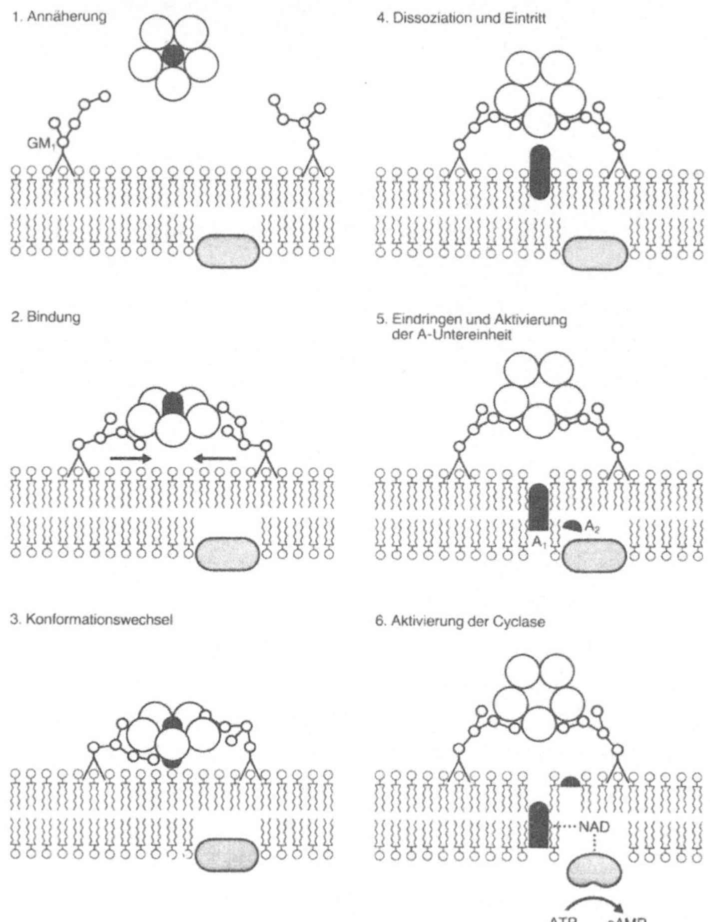

Abb. 53. Wirkungsweise des Cholera Toxins. Die abgebildeten Teilschritte werden im Text erklärt. (N. Sharon: Sci. Anm. 243, 8o-97, 198o)

überquert die A-Kette durch einen unbekannten Mechanismus die Membran und wird auf der Innenseite durch ein reduzierendes Agens (z.B. Glutathion)in die beiden, zuvor nur mit einer Disulfid-Brücke zusammengehaltenen Teilketten A_1 und A_2 zerlegt. Die A_1-Kette überträgt jetzt ADP-Ribose aus NAD bevorzugt auf die GTP-bindende, regulatorische Untereinheit der Adenylcyclase (Molgew. ca. 42 ooo).

Normalerweise wird das stark stimulierende GTP an dieser Untereinheit durch eine GTPase-Aktivität gespalten. Diese Spaltung ist nach der Übertragung der ADP-Ribose blockiert, so daß es zu einer Überstimulierung der Adenylcyclase kommt. Man beobachtet für den gesamten Prozeß von der Bindung des Toxins bis zum Anstieg des cAMP eine Anlaufzeit von 1o-6o min. Diese Zeit ist nur etwa 1 Minute, wenn man die Zellen vor der Zugabe des Toxins homogenisiert, und so den Transportschritt eliminiert. Zahlreiche Hormonrezeptoren, z.B. für Glukagon, Adrenalin und ACTH stimulieren nach der Hormonbindung ebenfalls die Adenyl-Cyclase der Plasmamembran, um dann ihre Wirkung mittels cAMP-abhängiger Protein-Kinasen auszulösen. Das Insulin führt dagegen nach Bindung an seinen Rezeptor zu einer Absenkung von cAMP und einem Anstieg von cGMP.

Biosynthese

In Bakterien, Pflanzen und Tieren dienen Nukleotidzucker und Polyprenol-phospho-Zucker als energiereiche Vorstufen. Die Polyprenol-phospho-Zucker werden in reversiblen "Translocase"-Reaktionen aus Nukleotidzuckern gebildet, z.B.

Polyprenol- P + UDP-N-Acetylglucosamin $\rightleftharpoons$

Polyprenol - P P -N-Acetylglucosamin + UMP.

Polyprenol- P + GDP-Mannose $\rightleftharpoons$

Polyprenol- P - Mannose + UDP.

Die Translocase-Reaktion für das N-Acetyl-Glucosamin ist der spezifische Angriffsort des in der Glykoproteinforschung viel verwendeten Antibiotikums Tunicamycin. Tunicamycin ist ein komplexes Glycolipid, das u.a. Reste von Uracil und ein N-Acetyl-Glucosamin enthält.

Das im Säuger überwiegende Polyprenol ist das Dolichol mit der charakteristischen gesättigten Doppelbindung am polaren Ende:

$$CH_3-\overset{\displaystyle CH_3}{\overset{|}{C}}=CH-CH_2-(CH_2-\overset{\displaystyle CH_3}{\overset{|}{C}}=CH-CH_2)_{15-20}-CH_2-\overset{\displaystyle CH_3}{\overset{|}{C}H}-CH_2-CH_2OH$$

Das Dolichol wird zunächst als Pyrophosphat-Vorstufe aus Isopentenyl-pyrophosphat und Dimethylallyl-pyrophosphat gebildet Es hat damit denselben biogenetischen Ursprung wie das Cholesterin.

In Bakterien erfolgt die Biosynthese zahlreicher Zellwandkomponenten über Polyprenol-phospho-Zucker, z.B. Murein, Lipopolysaccharid, Teichonsäuren, Kapsel- und Exopolysaccharide. Alle diese Zellwandpolymeren sind aus sich wiederholenden Di- oder Oligosaccharid-Untereinheiten zusammengesetzt. Im Säuger (und der Pflanze) ist die Biosynthese des Kern- (englisch: core) Oligosaccharids der N-glycosidischen Glycoproteine am besten verstanden (Abb. 54).

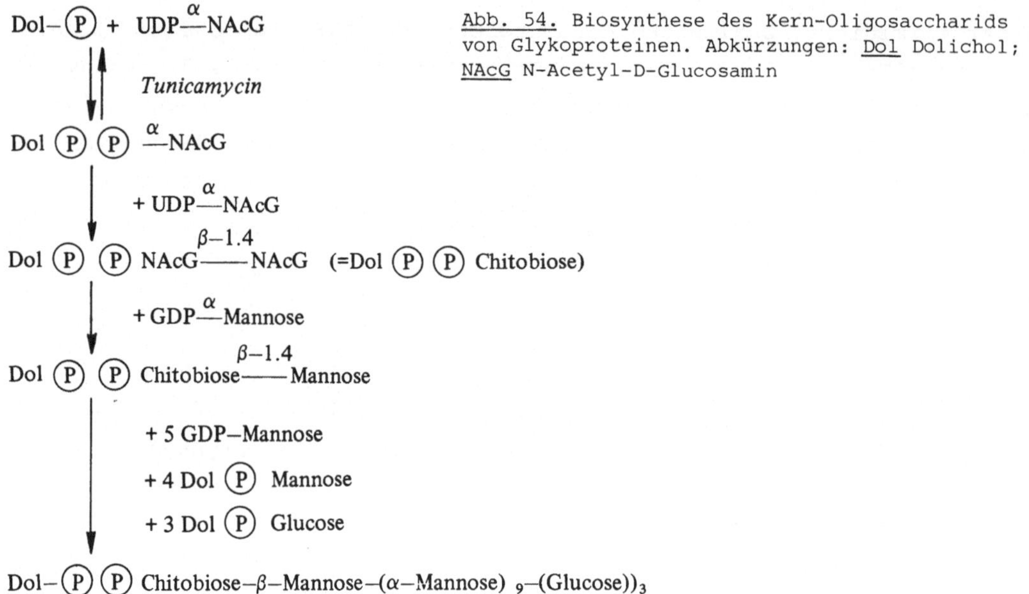

Abb. 54. Biosynthese des Kern-Oligosaccharids von Glykoproteinen. Abkürzungen: Dol Dolichol; NAcG N-Acetyl-D-Glucosamin

Die in Abb. 54 gezeigten Enzymreaktionen spielen sich am ER ab. Der Transfer des gesamten, am Lipid-carrier gebundenen Kern-Oligosaccharids erfolgt in der Regel an der noch durch das ER wachsenden neuen Polypeptidkette (s.S. 62 ff, Signalhypothese). Wenn der erste Teilschritt in Abb. 54 jedoch durch das Antibiotikum Tunicamycin unterbunden wird, werden Zucker-freie Proteine gebildet. Dieses Antibiotikum ist daher ein wichtiges Werkzeug, um die Funktion der Zucker von Glykoproteinen zu untersuchen.

Nach dem Transfer des Kern-Oligosaccharids folgt ein Reifungsprozeß, bei dem die drei Glucose-Reste und 4-6 Mannose-Reste entfernt werden. Parallel zu diesen Abspaltungen bewegt sich das Protein aus den Cisternen des ER in den Golgi-Apparat. Im Golgi-System werden aber auch die eigentlich determinanten Zucker durch spezifische Glycosyltransferasen übertragen. Eine typische terminale Zuckersequenz ist z.B.

Sialinsäure-(α-2.6)-Galactose-(β-1.4)-N-Acetyl-Glucosamin---
(Mannose)$_3$ -Chitobiose-Asparagin-Protein.

Die abschließenden Zucker-Übertragungsreaktionen erfolgen direkt und schrittweise mit den Nukleotidzuckern, so wie es auch bei den komplexen Oligosacchariden der Glycosphingolipide im Golgi-Apparat geschieht.

Die fertigen Glycoproteine werden aus dem Golgi-Apparat in Vesikeln freigesetzt, die dann zum Bestimmungsort des Proteins wandern, z.B. umgekehrte Pinocytose an der Plasmamembran und Sekretion nach außen oder, nach Fusion, Einbau integraler Glycoproteine in die Plasmamembran. Der im ER und Golgi von innen übertragene Zuckerrest steht dann nach außen. Ein weiterer wichtiger Transportweg führt vom Golgi-Apparat zu den Lysosomen (s.S. 118). Es ist unbekannt, ob die spezifischen determinanten Zuckersequenzen die Wanderungsrichtung der Glykoproteine in der Zelle bestimmen, oder ob es umgekehrt ist. Im Fall lysosomaler Enzyme scheint ein terminaler 6-Phospho-Mannose-Rest und der zugehörige Rezeptor wichtig zu sein, außerdem das Clathrin (s.u.).

Merkwürdigerweise wird aber in einigen Fällen die korrekte zelluläre Lokalisierung von Glycoprotein auch nach Zugabe von Tunicamycin beobachtet, so daß der Glyco-Anteil des Asparagins in diesen Fällen entbehrlich ist.

Funktionen von Lectinen

Als Lectin bezeichnet man ein Protein, das spezifisch an Zuckerreste bindet, ohne Enzymaktivität zu besitzen. Es ist schon lange bekannt, daß viele pflanzliche Samen, vor allem von Leguminosen, reich an Lectinen sind. Solche Samenextrakte können Erythrocyten agglutinieren, und daher stammt der Ausdruck Hämagglutinine für bestimmte pflanzliche Lectine. Am häufigsten wird das Lectin Concanavalin A aus Schwertbohnen im Labor eingesetzt. Es bindet bevorzugt an Mannose- und Glukose-Reste, und kann z.B. bei Lymphozyten Zellteilungen induzieren. Concanavalin A besitzt damit mitogene Aktivität. In den letzten 1o Jahren wurden auch in Invertebraten und in Säugerzellen Lectine entdeckt, die zum Teil Membran-ständig sind und eine wichtige Rolle beim Zell-Zell-Kontakt spielen können. So kann es über Zucker-Lectin-Wechselwirkung zur Zelladhäsion von Säugerzellen kommen. Zucker-Lectin-Wechselwirkungen sollen auch an der Bindung der Stickstoff-fixierenden Rhizobium-Arten in den Wurzelknöllchen von Leguminosen beteiligt sein. Neben solchen extrazellulären Funktionen besitzen Lectine auch intrazelluläre Funktionen.

Dies soll an den Beispielen (a) Asialo-Rezeptor von Leberzellen und (b) Phosphomannosyl-Rezeptor von Bindegewebszellen (Fibroblasten) besprochen werden. Außerdem soll auf (c) den LDL (=low-density-lipoprotein)-Rezeptor von Fibroblasten eingegangen werden, obwohl dieser wahrscheinlich kein Lectin ist.

a) Der Asialo-Rezeptor. Viele im Blutplasma zirkulierende Glycoproteine haben eine drastisch verkürzte Lebenszeit, wenn durch Angriff einer Neuraminidase der terminale Sialinsäure-Rest abgespalten wird. Dadurch wird in vielen Oligosaccharid-Strukturen D-Galactose als neuer terminaler Zucker freigesetzt. Solche Galactosyl-Proteine werden auch als Asialoproteine bezeichnet. Beim Durchtritt durch die Leber wird der Galactosyl-Rest durch ein von G. Ashwell und Mitarbeitern entdecktes Lectin der Leber-Plasmamembran gebunden. Der gereinigte Rezeptor besteht aus Ketten vom Molgewicht von 4o-5o ooo, und ist selbst ein Glykoprotein. Ca^{+}-Ionen werden für die Bindungsreaktion benötigt.

b) Der Phosphomannosyl-Rezeptor. E.Neufeld und ihre Mitarbeiter entdeckten diesen Lectin-artigen Rezeptor bei der Untersuchung von Fibroblasten aus Patienten mit Erbkrankheiten, die auf dem Fehlen von lysosomalen Hydrolasen für den Abbau von Glycosphingolipiden beruhten. Wenn man die fehlenden Enzyme (z.B. β-Glucuronidase oder β-Hexosaminidase) von außen den Fibroblasten zusetzte, kam es zu einer Rezeptor-vermittelten Aufnahme in die Zellen und die Lysosomen. Durch Hemmversuche mit freien Zuckern und durch chemische Synthese von 6-Phosphomannosyl-Glykoproteinen wurde gefunden, daß der Rezeptor diese ungewöhnliche Zuckerstruktur erkennt. Das Rezeptorprotein ließ sich mit Detergens solubilisieren und reinigen. Es war ein Protein vom Molgewicht 215 ooo, das keine zweiwertigen Ionen für die Zuckerbindung benötigte.

c) Der LDL-Rezeptor. LDL ist die im Blutplasma zirkulierende Lipoproteinfraktion mit einer definierten niedrigen Dichte von etwa 1.o4 g/ml. Diese Lipoprotein-Partikel sind reich an Cholesterin und vor allem Cholesterin-Fettsäureestern. Unzureichender Abbau von LDL kann zu einer Einlagerung von überschüssigem Cholesterin in die Arterienwände und zur Atheriosklerose führen. Der Abbau von LDL findet in den Lysosomen statt und setzt die Bindung des LDL an einen spezifischen Rezeptor der Plasmamembran voraus. Die Bindungsreaktion ließ sich mit LDL-Partikeln, in denen die Proteinkomponente mit Hilfe von Jod-125 radioaktiv markiert war, verfolgen. Das Rezeptorprotein wurde mit Detergens solubilisiert und war ein saures Glykoprotein vom Molgewicht 164 ooo.

Endocytose und intrazellulärer Vesikel-Transport

Nach der Bindung an die oben geschilderten Rezeptoren schnüren sich die Rezeptor/Ligand-Komplexe in Vesikeln von der Plasmamembran ab (Endocytose).Vorher beobachtet man eine laterale Phasentrennung der Rezeptoren in vertiefte Bereiche der Plasmamembran, die von der Innenseite her von einer Proteinstruktur bedeckt sind (coated pits), (Abb. 55).

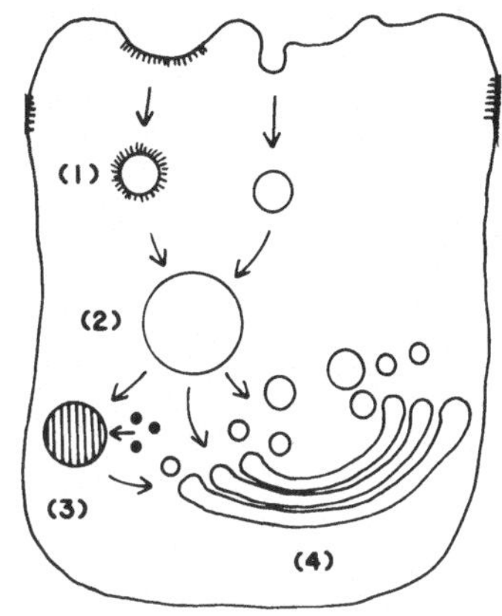

Abb. 55. Schematische Darstellung der Endocytose über coated vesicles. Das Protein Clathrin ist durch die Barthaare symbolisiert. Die Rolle der Membranfraktionen (1), (2), (3) und (4) wird im Text erklärt. (R.M. Steinman et al.: J. Cell Biol. 96, 1-27, 1983)

An diesen Stellen schnüren sich die Vesikel [(1) in Abb. 55] ab. Sie bleiben zunächst von der jetzt Korb-artigen Proteinstruktur bedeckt (coated vesicles). Der Proteinkorb wird von dem Protein Clathrin (Molgewicht 18o ooo) gebildet. Dieses bemerkenswerte Protein kann auch in isolierter Form zum self-assembly zu großen geschlossenen Polyeder-Strukturen aus Fünf- und Sechsecken gebracht werden. Clathrin dissoziiert schnell von den endocytierten Vesikeln ab. Die jetzt nackten Vesikel [(2) in Abb. 55] mit den genannten oder anderen Rezeptor-Liganden-Komplexen (z.B. Insulin Rezeptor, Cholera Toxin Rezeptor GM_1, bestimmte Viren) wandern zu den Lysosomen [(3) in Abb. 55]. Dort werden die Liganden zur Verdauung durch lysosomale Hydrolasen abgegeben, bzw. die außen aufgenommenen lysosomalen Hydrolasen werden funktionell eingebaut. Die Rezeptoren können jedoch an die Plasmamembran zurückwandern und dort einen neuen Transportzyklus einleiten.

Diese Vorgänge sind wahrscheinlich nicht nur für den Abbau, sondern auch für die normale Biosynthese und Lokalisierung von Glycoproteinen von Bedeutung. So ist anzunehmen, daß die lysosomalen Hydrolasen normalerweise am rauhen ER synthetisiert und mit dem Kern-Oligosaccharid versehen werden. Die Hydrolasen wandern dann durch den Golgi-Apparat, wo ein Processing und ein Anhängen der terminalen 6-Phospho-Mannosyl Gruppe stattfindet. Die Wechselwirkung dieses Zuckers mit dem oben beschriebenen, auch intrazellulär vorhandenen Rezeptor spielt dann eine wichtige Rolle bei der Wanderung der Hydrolasen aus dem Golgi-Apparat in die Lysosomen. Zucker/Lectin-Wechselwirkungen sind wahrscheinlich allgemein von Wichtigkeit für die Sekretion von Glykoproteinen oder ihre Verteilung auf die "richtigen" subzellulären Organellen (Zucker als Postleitzahl).

11. Membranbiochemie und Umweltchemikalien

Mensch und Tier nehmen aus der Umwelt mit der Nahrung und durch medizinische Behandlungen eine Vielzahl von Chemikalien und Drogen auf. Diese Fremdstoffe werden in drei Stufen beseitigt.

Phase I. Umwandlungsreaktionen wie Oxidation, Reduktion oder Hydrolyse.

Phase II. Konjugation. An funktionelle Gruppen werden durch Transferasen polare Peptid- oder Zuckerreste übertragen.

Phase III. Exkretion. Die Konjugate werden mit Urin oder Fäces ausgeschieden.

Die beteiligten Organe stehen über den enterohepatischen Kreislauf und den Blutkreislauf in Verbindung (Abb. 56).

Phase I. Das Cytochrom P-45o System als Beispiel

Das Cytochrom P-45o wurde in der mikrosomalen Fraktion der Leber durch das charakteristische Absorptionsmaximum des reduzierten Kohlenmonoxid-Komplexes bei 45o nm entdeckt. Heute kennt man eine ganze Reihe von Isoenzymen von Cytochrom P-45o und P-448. Häufig wird Cytochrom P-45o mit dem Schlafmittel Phenobarbital und Cytochrom P-448 mit dem carcinogenen Kohlenwasserstoff, 3-Methylcholanthren, induziert (Formeln, Abb. 57). Die NADPH-Cytochrom P-448/45o Reduktase wird mitinduziert, viele andere Leberenzyme aber nicht. Hier findet sich also das interessante Regulationsprinzip, daß der zu beseitigende Fremdstoff seine Abbauenzyme induzieren kann.

Cytochrom P-448/45o läßt sich mit Hilfe von Detergentien nach üblichen Verfahren (s.S. 6o ff) reinigen. Die Polypeptidkette vom Molekulargewicht um 5o ooo trägt eine in diesem besonderen Fall nicht ab-

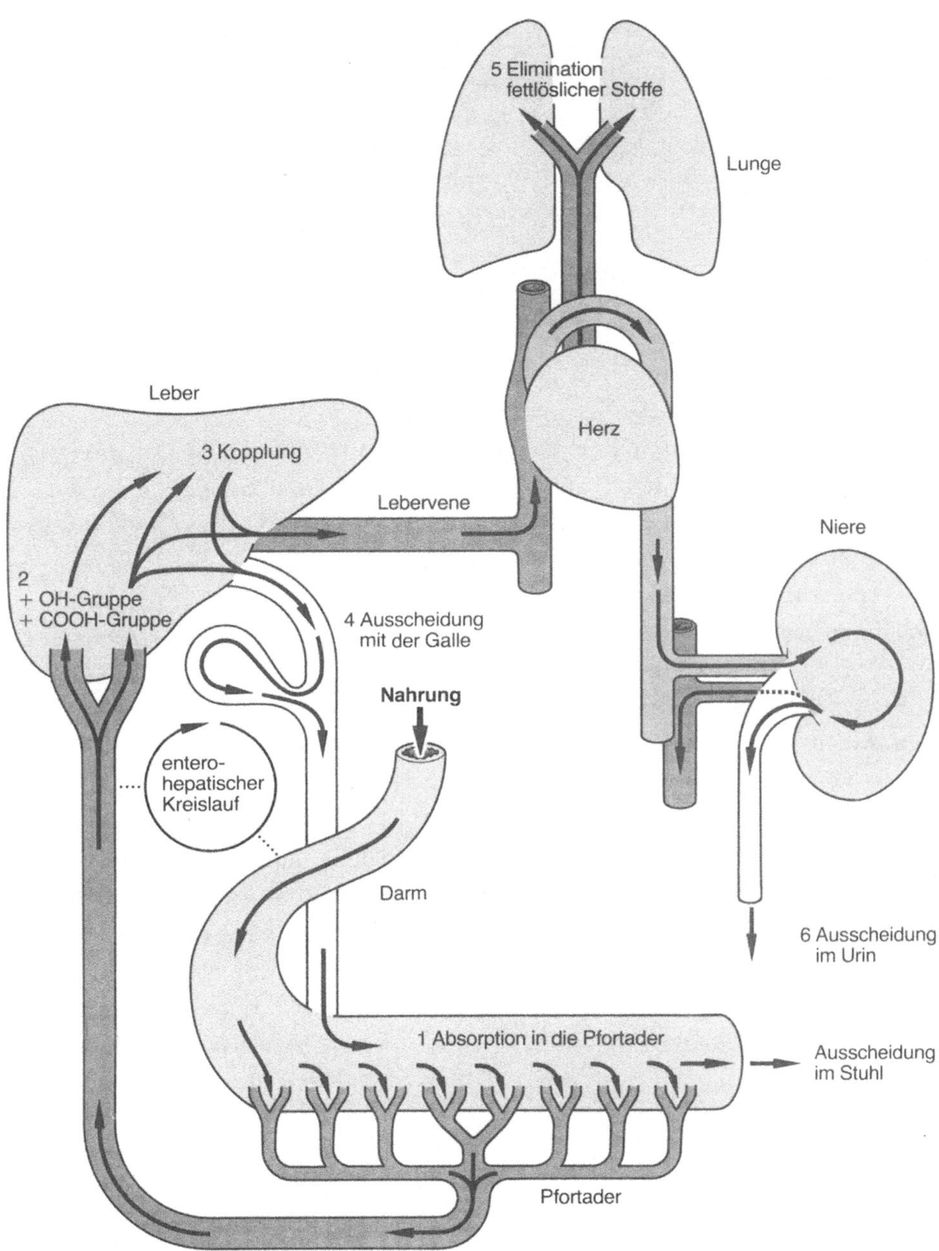

Abb. 56. Schematische Darstellung des enterohepatischen Kreislaufs und der Ausscheidungswege zu Urin und Fäces. (S. Silbernagl, A. Despopoulos: Taschenatlas der Physiologie, S. 117. Thieme, Stuttgart 1979)

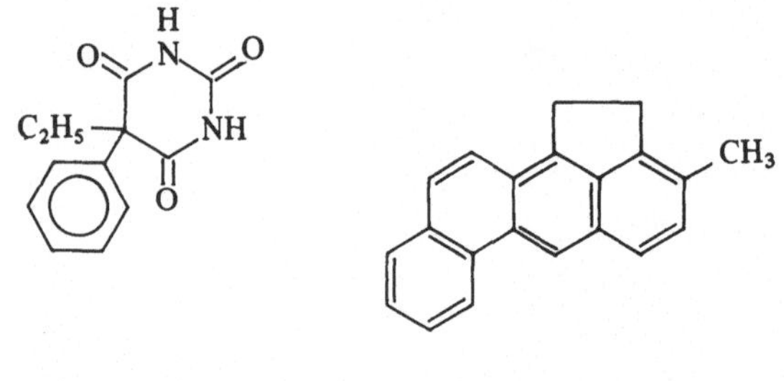

Abb. 57. Chemische Strukturen zweier Induktoren von Cytochrom P-450 bzw. P-448 in der Leber

Phenobarbital   3–Methylcholanthren

gespaltene N-terminale Signalsequenz (s.S. 62). Die gereinigten Cytochrome P-448/45o sind nur bei Rekombination mit geeigneten Lipidaktivatoren enzymatisch aktiv.

Die zentrale Bedeutung der Cytochrome P-448/45o liegt in der Vielzahl der katalysierten Reaktionen. Dazu gehört die aromatische und aliphatische Hydroxylierung, die Dealkylierung an Stickstoff, Sauerstoff und Schwefel, die Sulfoxidation, Desaminierung, Dehalogenierung und die Epoxidierung. Außer Fremdstoffen wie Drogen, Pestiziden und Carcinogenen werden auch körpereigene Substrate, wie Steroide, Fettsäuren oder Gallensalze durch Cytochrom P-45o Proteine umgesetzt. Die große katalytische Unspezifität erlaubt, in Hunderte von Chemikalien Substituenten einzuführen. Darauf folgt direkt oder nach Folgereaktionen eine Konjugation der funktionellen Gruppe, die dann zur Ausscheidung der Chemikalie in Urin oder Fäces führt. Neben dieser zentralen Rolle bei der Entgiftung von Fremdstoffen führt das Cytochrom P-448/45o System jedoch in einigen Fällen zur chemischen Carcinogenese. Krebserregende Chemikalien wie z.B. Benzol, Benzpyren, Vinylchlorid und Aflatoxin sind nur Pro-Carcinogene, die erst nach der Umwandlung in aktivierte Formen zur Zelltransformation führen. Die am Benzpyren aufgeklärte Reaktionssequenz ist in Abb. 58 gezeigt. Durch das Cyto-

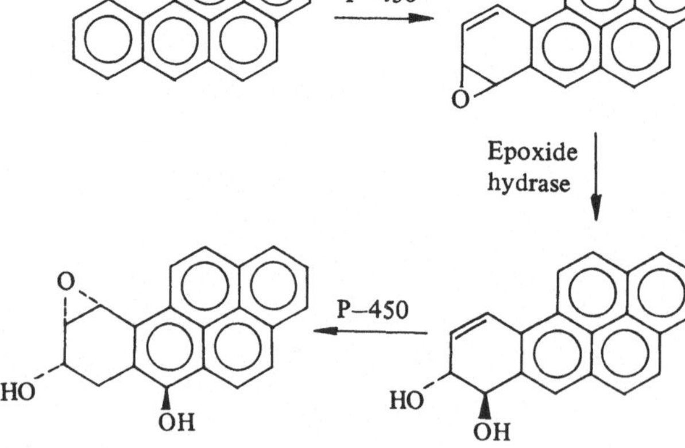

Abb. 58. Mikrosomale Aktivierung von Benzo[α]pyren zu dem ultimativen Carcinogen, (+)-Benzo[α]pyren-7β, 8α-Diol-9α, 10α-Epoxid. (H. Sandermann in: Environmental Mutagenesis, Carcinogenesis and Plant Biology (ed. E. Klekowski), Vol. I,pp. 1-32. Praeger, New York 1982)

chrom P-45o wird zunächst ein 7,8-Epoxid gebildet, das durch die ebenfalls mikrosomale Epoxid Hydrolase sofort zu einem trans-Diol geöffnet wird. Das Diol wird erneut von Cytochrom P-45o angegriffen. Der jetzt in der Bay-Region gebildete Epoxidring ist wegen der sterischen Abschirmung durch die benachbarten Ringe des Benzpyrens relativ beständig gegenüber einem erneuten Angriff der Epoxid Hydrolase. Das reaktive Diol-Epoxid kann als ultimatives Carcinogen kovalent an nukleophile Gruppen von Proteinen und vor allem Nukleinsäuren binden. Insbesondere die Bindung an DNA führt zur Zelltransformation und zu krebsartigem Wachstum.

Phase II. Konjugationsreaktionen

Die in Phase I entstandenen funktionellen Gruppen werden vor allem mit der D-Glukuronsäure oder dem nukleophilen Tripeptid Glutathion konjugiert. Die Glutathion S-Transferasen der Leber sind zum großen Teil lösliche Enzyme. Dagegen ist die UDP-Glukuronyl Transferase ein Membranenzym des Endoplasmatischen Retikulums. Diese Transferase ist wie die Cytochrome P-448/45o und die Epoxid Hydrolase Lipid-abhängig. Die Glutathion und die Glukuronyl-Transferasen besitzen sehr breite Substratspezifitäten, so daß wiederum eine Vielzahl von Fremdstoffen umgesetzt werden kann.

Phase III. Exkretion

Der enterohepatische Kreislauf in Abb. 56 steht über der Lebervene in Verbindung mit der Niere. Nierengängige Stoffe (z.B. polare Konjugate) werden dort aus dem Blut herausfiltriert und in den Nierenkanälchen nicht wieder rückresorbiert. Lipophile Stoffe können dagegen rückresorbiert werden. Während die Glukuronide als solche im Urin ausgeschieden werden, werden die Glutathion-Konjugate als N-Acetyl-Cysteinyl-Konjugate, sogenannte Merkaptursäuren, ausgeschieden.

Für die Ausscheidung im Fäces ist die Verteilung in den Gallenkanälchen der Leber entscheidend. Stoffe mit einer gewissen Mindestpolarität und oberhalb von Molekulargewichten von ca. 4oo werden bevorzugt in die Gallenflüssigkeit und dann das Darmsystem abgegeben. Unverdaubare Stoffe, wie Cellulose und Lignin, wandern durch den Dickdarm direkt in den Fäces.

Bio-Akkumulation

Umweltchemikalien werden im allgemeinen durch Metabolisierung und Exkretion beseitigt. Die in Abb. 59 skizzierten Verteilungsgleich-

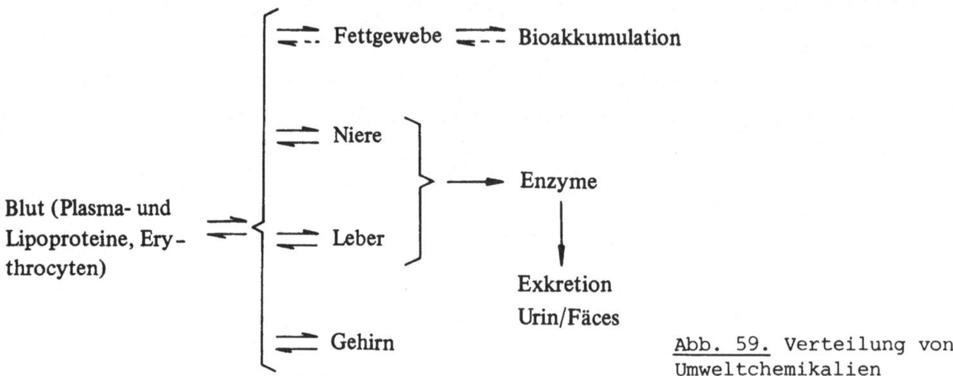

Abb. 59. Verteilung von Umweltchemikalien

gewichte können jedoch besonders bei lipophilen Stoffen dazu führen, daß die Affinität zum Fettgewebe viel gewichtiger ist als die Affinität zu den evtl. nur schwach ausgebildeten Abbauenzymen der Leber. So läßt sich erklären, daß die in Abb. 6o gezeigten unpolaren Chemikalien universell in Konzentrationen von o.1-1o ppm (1 ppm = 1 mg pro kg) im menschlichen Fettgewebe und den Fetttröpfchen der Muttermilch auftreten. Diese Bio-Akkumulation verstärkt sich innerhalb von Nahrungsketten. So häufen sich z.B. das DDT oder die polychlorierten Biphenyle (PCBs) in den - stark vereinfachten - Reihen Alge - Plankton-Fisch - Fischadler oder Pflanze - Pflanzenfresser - Tierfresser - Mensch an. Die Bio-Akkumulation der Stoffe von Abb. 6o läßt sich auf Grund der sehr hohen ($\geq 1o^6$) Oktanol/Wasser-Verteilungskoeffizienten, bzw. ihrer extrem niedrigen Wasserlöslichkeit vorhersagen. Zum Bei-

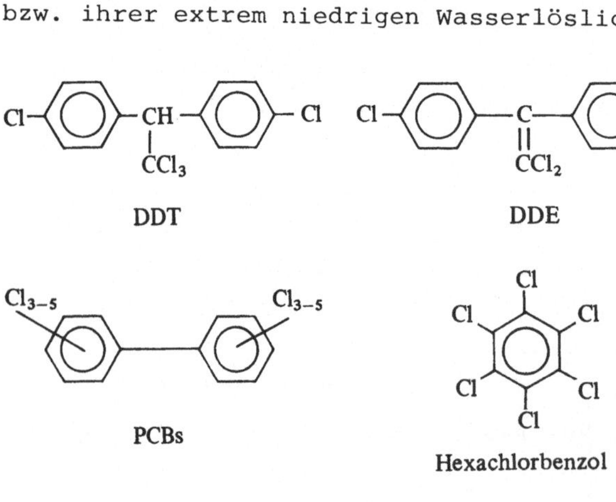

DDT

DDE

PCBs

Hexachlorbenzol

Abb. 60. Persistente Umweltchemikalien, die sich in menschlichem Fettgewebe finden

spiel hat das DDT eine Wasserlöslichkeit von $1,2 \times 1o^{-3}$ ppm, aber eine Löslichkeit in Triglyceriden (Olivenöl) von etwa $1o^{5}$ ppm. Die Vorhersage aus den Löslichkeitseigenschaften versagt in Fällen, wo Abbauenzyme mit hoher Affinität vorhanden sind. Das sehr lipophile Benzpyren wird nicht im Fettgewebe abgelagert, da es sehr schnell durch die Cytochrome P-448/45o der Leber abgebaut wird.

Empfohlene weiterführende Literatur

Biochemie

L. Stryer (1981): Biochemistry, 2. Aufl.
Freeman, San Francisco
A.L. Lehninger (1979): Biochemie, 2. Aufl.
Verlag Chemie, Weinheim
R.E. Dickerson, I. Geis (1975): Struktur und Funktion
der Proteine. Verlag Chemie, Weinheim

Biophysik

W. Hoppe, W. Lohmann, H. Markl, H. Ziegler (Hrsg.)
(1982): Biophysik, 2. Aufl. Springer, Berlin
C.R. Cantor, P.R. Schimmel (198o): Biophysical Chemistry,
Bde. 1-3. Freeman, San Francisco

Zellbiologie

H. Metzner (Hrsg.) (1981): Die Zelle. Struktur und Funktion.
3. Aufl. Wissenschaftliche Verlagsgesellschaft, Stuttgart
E.D.P. De Robertis, E.M.-F. De Robertis Jr. (198o):
Cell and Molecular Biology, 7. Aufl.
Saunders College, Philadelphia
B. Alberts et al. (1983) Molecular Biology of the Cell. Garland
Publishing Inc., New York.

Übersichtsartikel

Relativ leicht verständliche Übersichtsartikel finden sich in den Zeitschriften
"Trends in the Biochemical Sciences", "Scientific American"

Anspruchsvollere Übersichtsartikel finden sich in
"Annual Reviews of Biochemistry"
"Biochimica et Biophysica Acta Reviews on Biomembranes"

Sachverzeichnis